高等学校公共基础课应用型本科教材

大学计算机基础
项目化教程

潘伯新　沈　兰　主　编

中国轻工业出版社

图书在版编目（CIP）数据

大学计算机基础项目化教程/潘伯新，沈兰主编. —北京：中国轻工业出版社，2023.9

ISBN 978-7-5184-3588-3

Ⅰ.①大… Ⅱ.①潘…②沈… Ⅲ.①电子计算机—高等学校—教材 Ⅳ.①TP3

中国版本图书馆 CIP 数据核字（2021）第 139186 号

责任编辑：贾 磊
策划编辑：贾 磊 责任终审：李建华 封面设计：锋尚设计
版式设计：霸 州 责任校对：吴大朋 责任监印：张 可

出版发行：中国轻工业出版社（北京东长安街 6 号，邮编：100740）
印 刷：北京君升印刷有限公司
经 销：各地新华书店
版 次：2023 年 9 月第 1 版第 5 次印刷
开 本：787×1092 1/16 印张：10.25
字 数：220 千字
书 号：ISBN 978-7-5184-3588-3 定价：45.00 元
邮购电话：010-65241695
发行电话：010-85119835 传真：85113293
网 址：http：//www.chlip.com.cn
Email：club@chlip.com.cn
如发现图书残缺请与我社邮购联系调换
231617J1C105ZBQ

前 言

Preface

在当今社会计算机已广泛应用于人们的生活、工作和学习中，计算机基础教育已成为高校素质教育不可缺少的重要组成部分；具备基本的计算机知识和实际应用能力已成为对大学生的基本要求。编者在结合多年教学经验的基础上，以加强基础教育、提高学生理论和实操能力为原则编写了本教材。

本教材共分为六个模块，主要内容如下：

模块一 Windows 10 基本操作。主要介绍了 Windows 10 操作系统的桌面、窗口、对话框、资源管理器、文件和文件夹的管理等内容。

模块二 Word 2016 基本操作。主要介绍了 Word 2016 视图方式、Word 2016 文档基本操作、表格的制作、图形处理、公式编辑器、样式、目录和邮件合并等内容。

模块三 Excel 2016 基本操作。主要介绍了 Excel 2016 的数据输入、工作表的格式化、公式和函数、数据分析与管理、图表操作等内容。

模块四 PowerPoint 2016 基本操作。主要介绍了 PowerPoint 2016 幻灯片的制作、幻灯片的设置、幻灯片的放映等内容。

模块五计算机基础知识。主要介绍了计算机发展过程，计算机信息的表示形式、计算机系统的组成等内容。

模块六计算机网络概述。主要介绍计算机网络基本组成、网络的拓扑结构和网络的分类、Internet 的基础、Internet 的基本应用功能以及病毒的有关知识等内容。

本教材由潘伯新、沈兰任主编，叶开珍、刘成泳、卞丽情、郝淑新任副主编，具体编写分工如下：潘伯新、周贵华负责模块一的编写，沈兰、刘红敏负责模块二的编写，叶开珍、义练梅负责模块三的编写，刘成泳、胡京力负责模块四的编写，卞丽情负责模块五的编写，郝淑新负责模块六的编写。

本教材以理论为基准，以实践为目的，可以提高学生使用计算机处理问题的综合能力，可作为高等院校计算机基础课程的教材，也可作为全国计算机等级考试的参考用书。

本教材以广州应用科技学院计算机信息技术学院为主编单位，编写过程中得到了学院领导、教务处及同行的大力支持，在此表示感谢。

由于编者水平所限，书中如有不足之处敬请读者批评指正，以便修订时改进。

编 者

2021 年 4 月

目 录

Contents

MODULE

1

模块一 Windows 10 基本操作

Windows 10 基本操作主要包括桌面背景设置、添加删除桌面图标、任务栏个性化、文件资源管理器组成与使用，以及文件的选择、复制与移动、删除与还原、重命名、文件搜索等。

项目一　Windows10 的桌面

桌面是打开计算机登录到 Windows 10 之后看到的主屏幕区域，如图 1-1 所示。桌面就像平时使用的桌子台面一样，桌面上可以放置桌面背景和桌面图标。

桌面是各种操作的起点，所有操作都是从桌面开始。桌面包括桌面背景、桌面图标和任务栏。

图1-1　桌面

任务1　桌 面 背 景

桌面背景也称壁纸、桌布，可以是一幅画，也可以是纯色背景，用户可以把自己喜欢的图片设置为桌面。

实例 1.1 设置桌面背景图片，背景方式为：“幻灯片放映”；图片切换频率“1 分钟”“无序播放”，选择契合度为“拉伸”；图片存放在“Windows 10 \ background”文件夹中，并以“我的桌面”为主题名，保存设置。

操作步骤：

① 右击桌面空白处，在弹出快捷菜单中，选择“个性化”命令。弹出“设置”窗口，自动定位“背景”窗格，如图 1-2 所示。

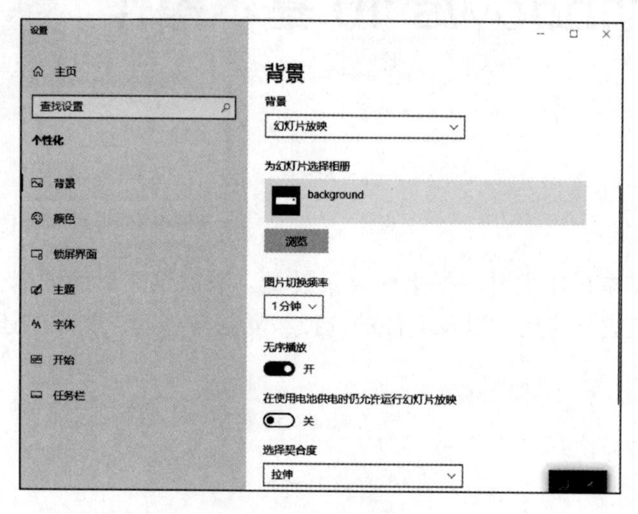

图1-2 “设置”窗口

② 在“背景”窗格中，单击“背景”下拉按钮，在弹出下拉列表框中，选择“幻灯片放映”选项（列表选项内容：图片、纯色、幻灯片放映）。

③ 单击“为幻灯片选择相册”区域的“浏览”按钮，打开“选择文件夹”窗口，选择文件夹“1 Windows10/background”，如图 1-3 所示，单击“选择此文件夹”。

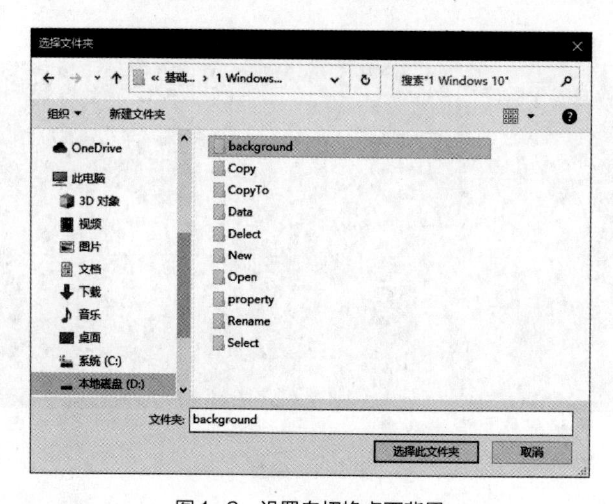

图1-3 设置自切换桌面背景

④ 单击“图片切换频率”下拉列表框，选择“1 分钟”。

⑤ 单击“无序播放”开关，状态为“开”

⑥ 单击“选择契合度”下拉列表框，选择“拉伸”。

⑦ 在左侧导航窗格中，单击“主题”，右侧同步显示“主题”窗格，如图 1-4 所示，单击“保存主题”按钮，弹出“保存主题”对话框，输入“我的桌面”主题名，如图 1-5 所示，单击“保存”按钮。

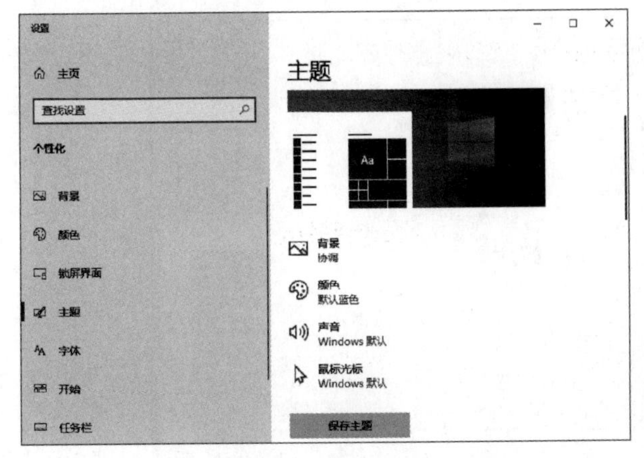

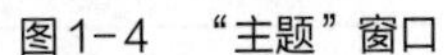
图1-4　“主题”窗口

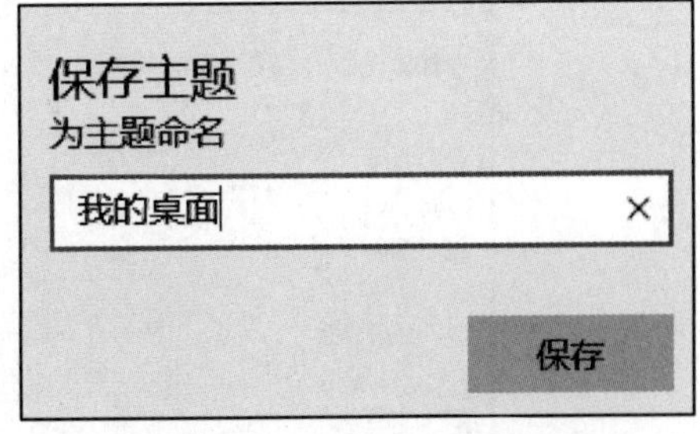

图1-5　“保存主题”对话框

提示：

(1) Windows 10 提供了 6 种契合度，分别是填充、适应、拉伸、平铺、居中和跨区。

填充：是指根据图片的高度充满整个屏幕；

适应：是指根据图片的宽度充满整个屏幕；

拉伸：是指拉伸图片以充满整个屏幕；

平铺：是指以图片的原大小铺满整个屏幕；

居中：是指以图片的原大小显示在屏幕中间；

跨区：如果一台电脑连接了多个显示器，系统会将所有的显示器连接起来使用一张壁纸，从而使屏幕看起来更宽广。

(2) Windows10 主题是操作系统下图片、颜色和声音的组合，包括桌面壁纸、窗口边框颜色、开始菜单背景、鼠标指针和声音方案。

任务 2　桌 面 图 标

桌面图标是代表文件、文件夹和其他项目的小图片，由图标和对应的名称组成，桌面图标分为系统图标和快捷方式图标两种。

1. 系统图标

系统图标是指 Windows 系统自带的图标，包括“回收站”“此电脑”“网络”和“admin”4 个。鼠标指针放在系统图标上，会显示该图标的功能说明，如图 1-6 所示。

图1-6　系统图标说明

实例 1.2　在桌面上添加“控制面板”图标。

操作步骤：

在桌面空白处，右击，在弹出快捷菜单中，选择“个性化”命令。弹出“设置”窗口。在左侧导航窗格中，单击“主题”选项，右侧同步显示“主题”窗格，在此窗格中，单击“桌面图标设置”（“主题”窗格最底部），如图1-7所示。弹出“桌面设置对话框”，选中“控制面版”复选框。如图1-8所示，单击“确定”按钮。

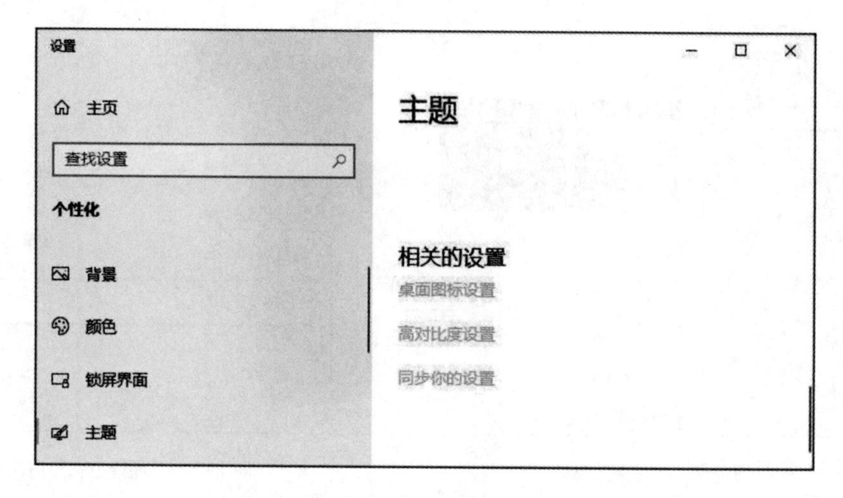

图1-7 “主题”窗格

图1-8 “桌面图标设置”对话框

2. 快捷方式图标

快捷方式由快捷方式图标和名称组成，快捷方式图标是指用户自己创建的或应用程序自动创建的图标，该图标左下角有一个对角线朝上的箭头。将鼠标指向该图标，会显示指向应用程序的位置或有关对象功能的介绍。快捷方式图标指向对应的应用程序。双击该图标，可以打开对应的应用程序。

实例1.3 创建记事本（C:\windows\system32\notepad.exe）桌面快捷方式，并命名为“记事本”。

操作步骤：

方法1：打开“C:\windows\system32”文件夹，选中记事本程序“notepad.exe”，右击，在弹出快捷菜单中，选择“发送到”→“桌面快捷方式”，重命名为“记事本”。

方法2：打开“C:\windows\system32”文件夹，选中记事本程序“notepad.exe”，单击“主页”→“剪贴板”组→“复制”；在窗口左侧导航窗格中，单击“桌面”，右侧同时显示桌面，再单击“主页”→“剪贴板”组→“粘贴快捷方式”。

方法3：单击“开始”→“所有应用”→“Windows附件”，选中“记事本”（此“记事本”本身就是快捷方式），按住鼠标左键不放，将其拖曳到桌面上。

任务3 任 务 栏

任务栏是显示在桌面底部的水平长条区，与桌面不同的是，桌面可以被打开的窗口覆盖，而任务栏几乎始终可见。任务栏分别由开始菜单、任务视图、快速启动区与活动任务区、通知区、隐藏的图标和显示桌面等组成，如图 1-9 所示。

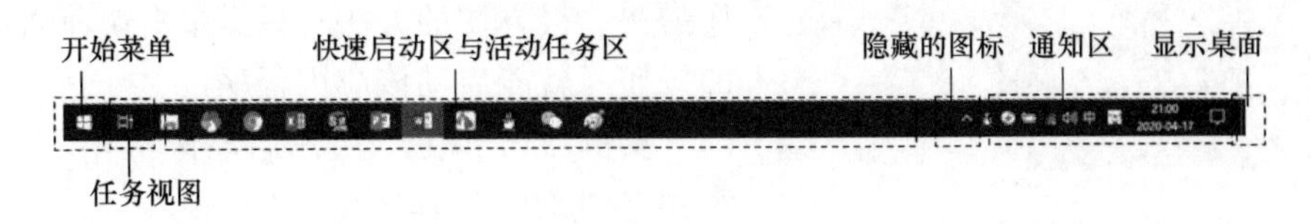

图1-9 任务栏

1. 开始菜单

单击任务栏左侧的“开始”按钮，或者按键盘上的 Windows 键，即可弹出开始菜单。开始菜单是计算机程序、文件夹和设置的主要入口，其开始的含义，是因为它通常是用户要启动或打开某对象的位置。

Windows 10 的开始菜单由“开始”“已固定的磁贴”和“所有应用”组成，如图 1-10 所示。

(1) 开始 单击“开始”，显示“开始”列表，包括用户账户、最近使用的程序区、系统功能区等重要的功能菜单选项。适应 PC 鼠标操作。

(2) 已固定的磁贴 单击“已固定的磁贴”，显示“开始”屏幕，在此屏幕上显示常用的磁贴，磁贴即屏幕区中的图形方块，其功能类似快捷方式，但磁贴显示的信息是活动的，显示最新的信息，主要是方便平板触屏操作。

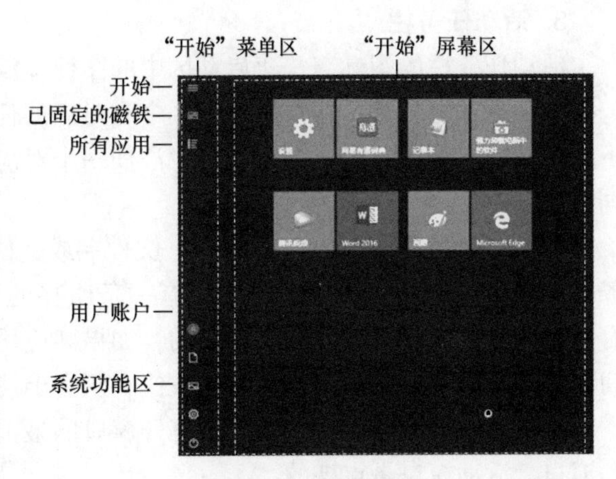

图1-10 开始菜单

(3) 所有应用 单击“所有应用”，显示“开始”应用列表，在此列表中，按数字、字母、汉字拼音的顺序升序排列。

“所有应用”列表，有两种形式：

① 程序名，单击程序名则运行该程序，打开程序窗口，“开始”菜单自动关闭。

② 文件夹，文件夹名前面显示为文件夹图标，可展开或折叠，单击其中的程序名，则运行该程序，打开程序窗口，“开始”菜单自动关闭。

实例 1.4 在“开始”屏幕中，添加/删除“画图”磁贴。

操作步骤：

① 添加磁贴：单击“开始”→“所有应用”→“Windows 附件”，右击“画图”，在弹出快捷菜单中，选择“固定到‘开始’屏幕”，调整“画图”程序位置，如图 1-11 所示。

② 删除磁贴：选中“画图”磁贴，右击，在快捷菜单中，选择“从‘开始’屏幕

图1-11 “开始”屏幕

取消固定”。

2. 快速启动区

快速启动区是把常用的应用程序或位置窗口的快捷方式固定在任务栏中的区域。

快捷启动区中的快速启动按钮是启动应用程序最快、最方便的方法，只需单击快速启动区中的按钮，就能启动该应用程序。

实例 1.5 在“快速启动区”中，固定/取消固定“画图”程序。

操作步骤：

添加图标：单击“开始”→“所有应用”→“Windows 附件”，右击“画图”程序，在弹出快捷菜单中，选择“更多”→“固定到任务栏”。

删除图标：右击任务栏中的“画图”图标，在弹出快捷菜单中，选择“从任务栏中取消固定”。

3. 活动任务栏

活动任务栏的图标与快速启动区中的图标，没有区域划分，两者统一。

如果打开的任务，在快速启动区中有对应的任务图标，则直接在其图标下添加一条下划线，如果没有，则在活动任务栏添加一个对应任务图标，同时图标下也添加一条下划线。

（1）切换任务窗口　打开程序、文件夹或文件，都会在活动任务栏上显示对应的任务栏按钮，启动后的任务按钮下文有一条明亮的下划线，而未启动的快捷方式图标没有，当前活动的任务栏按钮是点亮的，如果某应用程序打开了多个窗口，则该任务栏按钮下文的下划线是两段，当前活动按钮右侧会出现层叠的边框。

如果一个打开的窗口位于多个打开窗口的最前面，可以进行编辑，则称该窗口是活动窗口。活动窗口是点亮的。

多窗口的切换，有两种方法：

① 在任务栏上，单击需要切换的任务栏按钮，则该任务打开的所有窗口缩略图依次排列于屏幕的最前面，鼠标单击选择。

② 按 Alt+Tab 组合键，打开所有任务，并排列于屏幕最前面，不松开 Alt 键，按 Tab 键，选择其中一个任务。

（2）预览任务窗口　预览任务窗口，只需把鼠标移至该任务按钮图标上，与该图标关联的所有打开窗口的缩略图将显示在任务栏的上方。鼠标指向某任务，窗口切换到该任务。鼠标移出，所有缩略图将消失。指向与单击任务按钮区别，单击任务按钮时，显示任务的缩略图停留，鼠标移出，缩略图窗口不消失。

（3）查看任务的历史记录　在任务栏上右击任务栏图标，打开快捷菜单，显示该任务打开的历史记录。快捷菜单上部显示最近打开的文档名称，单击名称或打开该文档；快捷菜单下部显示程序名，将此程序固定到任务栏（已固定的，则显示“从任务栏取消固定”）、关闭窗口（如果打开多个窗口，则显示“关闭所有窗口”）等。单击程序名可新建文档。

实例 1.6　在任务栏区，查看资源管理器的历史记录。

操作步骤：

如果任务栏中，没有"资源管理器"按钮，则双击桌面"此电脑"打开"资源管理器"；右击任务栏上"资源管理器"按钮，弹出快捷菜单，显示最近打开文件夹的历史记录，如图 1-12 所示。

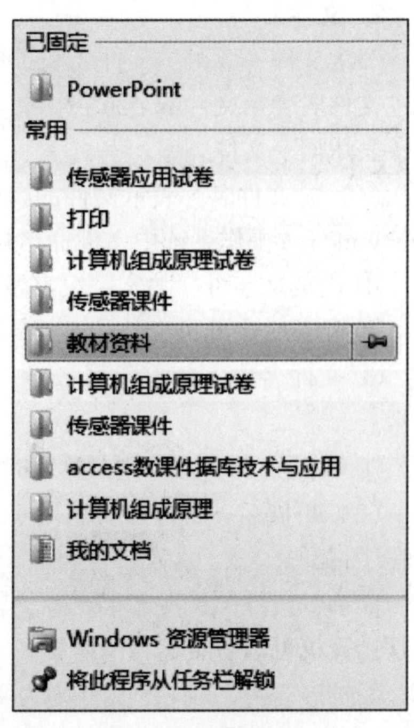

图 1-12　查看历史记录

4. 通知区

通知区位于任务栏右侧，用于显示在后台运行的程序或其他通知，主要显示隐藏的图标、键盘和语言、扬声器/耳机音量、时期和时间及操作中心等。

5. 显示桌面

在任务栏的右侧是"显示桌面"按钮，单击该按钮，先最小化所有显示的窗口，然后显示桌面；若要还原打开的窗口，再次单击"显示桌面"按钮。

项目二　文件管理

在计算机系统中，各种程序和数据都是以文件的形式储存在文件夹中，通过资源管理器可以有效管理文件和文件夹。

任务 1　文件和文件夹

文件是指按一定格式存储在计算机存储介质中的一组相关信息的集合。在计算机中，任何程序和数据都是以文件形式存储在存储介质中的，是计算机用来存储和管理信息的基本单位。

为了便于管理大量的文件，通常把文件分类保存在不同的文件夹中，用于存储程序、文档、快捷方式和其他文件夹。文件夹中存放的文件夹称为子文件夹。

1. 文件的类型

根据文件的用途，一般把文件分为三类：

(1) 系统文件　用于运行操作系统的文件，例如 Windows 10 系统文件；

(2) 应用程序文件　运行应用程序所需的一个或一组文件，如运行 Word 等软件需要的文件；

(3) 数据文件　使用应用程序创建的不同类型的一个或一组文件，例 Word 文件、mp3 音乐文件等。用户在使用计算机的过程中，主要是对这类文件进行各种操作，如文件的创建、修改、复制、移动或删除等操作。

2. 文件名

一个文件一般由主文件名和扩展名组成，主文件名和扩展名中间用小数点分隔，其中主文件名表示文件的名称，扩展名表示文件的类型，相同的扩展名具有一样的文件图标，表示同一文件类型。

（1）主文件名　表示文件的名称，通过文件名，可大概知道文件的内容或含义。

Windows 操作系统中文件命名规则如下：

① 由英文字母、数字、汉字及一些符号组成。

② 除开头之外可以使用空格。

③ 文件名中不能有符号：\/：*？“　<>｜。当输入这些符号时，系统会给出提示。

④ 不区分大小写，但在显示时可以保留大小写格式。

（2）扩展名　文件扩展名用于表示不同的文件类型，不同的文件类型选择相应的应用程序打开。

如果对文件的扩展名很熟悉，就能大致知道文件的类型，例如，扩展名为 . exe 的文件是计算机可以直接运行的可执行文件，如 Paint. exe 就是 Windows 操作系统中的图形程序。而扩展名为 . docx 的文件则为文字处理文档文件。

Windows 操作系统对某些文件的扩展名有特殊规定，不同的文件类型其扩展名不一样。

文件的扩展名还与处理文件的应用程序紧密关联，通过双击文件，系统根据扩展名调用相应的应用程序来打开该文件。

常用文件扩展名表示的文件类型，如表 1-1 所示。

表 1-1　　常用文件扩展名表示的文件类型

文件扩展名	文件类型	文件扩展名	文件类型
. txt	文本文件	. png　. jpg　. bmp	图片文件
. exe	可执行文件	. Zip 或 . rar	压缩包文件
. docx	Word 文件	. pdf	pdf 文件
. Html　. Htm	网页文件	. avi	视频文件

3. 路径

路径表示的是文件或文件夹所在的位置，路径有两种：绝对路径和相对路径。

（1）绝对路径　就是从根文件夹开始，到目的文件或文件夹所在文件夹为止的路径上的所有子文件夹，各文件夹之间用“\”分隔。

绝对路径总是以“\”作为路径的开始符，例如：C：\Windows\System32。

（2）相对路径　就是从当前文件夹开始，到目的文件或文件夹所在文件夹的路径上的所有子文件夹。

一个目的文件的相对路径会随着当前文件夹的不同而不同，例如：D：\照片\2020\a. jpg，如果当前文件为：D：\照片，则相对文件夹为：. . \2020\a. jpg，其中“. . ”表示父文件夹。

4. 盘符

Windows 操作系统给不同的驱动器及分区分配不同的盘符，用字符 C：~Z：标识不同的驱动器和分区（A：\B：用于软盘驱动器，现在淘汰不用了）。

任务 2　文件资源管理器

“文件资源管理器”是 Windows 10 系统提供的一种管理计算机资源的工具，可直观查看文件和文件夹。

打开“文件资源管理器”常用方法有下面几种：

（1）双击桌面上“此电脑”图标。

（2）单击快速启动区“此电脑”图标。

（3）快捷键 Win+E。

（4）右击“开始”按钮，在快捷菜单中，选择“文件资源管理器”。

“文件资源管理器”窗口组成如图 1-13 所示，由标题栏、功能区、导航栏、导航窗格、内容窗格和状态栏组成。

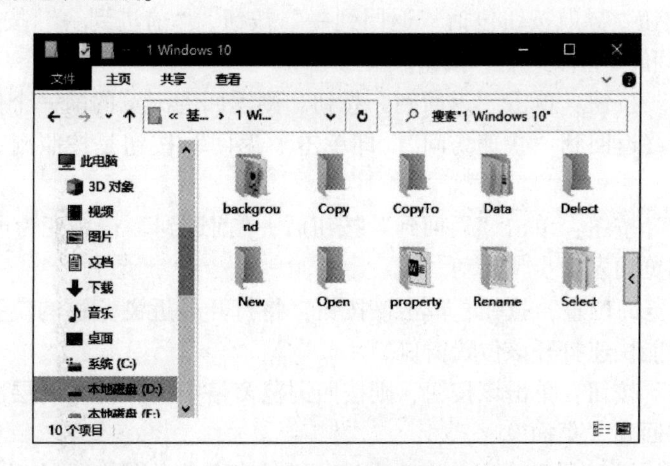

图 1-13　窗口组成

“文件资源管理器”窗口的各个不同部分旨在帮助用户围绕 Windows 进行导航，或更轻松地使用文件、文件夹和库。主要由下面几个部分组成。

1. 标题栏

窗口的最上方是标题栏，由 3 个部分组成，从左到右依次为快速访问工具栏、窗口内容标题和窗口控制按钮。

（1）快速访问工具栏　左上角区域是快速访问工具栏，默认有 4 个按钮，分别是窗口控制菜单按钮、属性按钮、新建文件夹按钮和自定义快速访问工具栏按钮。

窗口控制菜单按钮的图标会依据浏览的对象而改变，单击该按钮，打开控制菜单，控制菜单包含还原、移动、大小、最小化、最大化、关闭，主要适合用键盘操作。例如，当执行“移动”命令时，指针出现在窗口标题栏中间，可按键盘上的〈←〉〈→〉〈↓〉〈↑〉键或拖动鼠标指针移动窗口。当执行“大小”命令时，指针出现在窗口中间，按键盘上的〈←〉〈→〉〈↓〉〈↑〉键或拖动鼠标指针改变窗口大小。

单击“自定义快速访问工具栏”按钮，将打开自定义访问菜单。可以从菜单中选择需要的常用功能按钮，将其添加到快速访问工具栏中。

（2）窗口内容标题　窗口内容标题位于自定义快速访问工具栏按钮的右边，每一个窗口都有一个名称，窗口内容标题上的图标会依据浏览的对象而改变。

（3）窗口控制按钮　窗口右上角的 3 个窗口控制按钮“—”、“□”和“×”，分别是窗口的最小化按钮、最大化按钮和关闭按钮。当窗口最大化后，最大化按钮变为恢复按钮，单击恢复按钮则窗口恢复到最大化前的大小。

2. 功能区

Windows 10 中的“文件资源管理器”功能区是一个带状、多行的区域，按功能进行分类，由多个“选项卡”组成，包含了应用程序所提供的各种操作功能。每个选项卡中的命令和选项按钮，再按相关的功能组织分为不同的“组”。

“文件资源管理器”在通常情况下显示 4 个选项卡，分别是“文件”“主页”“共享”和“查看”。

3. 导航栏

导航栏由一组导航按钮、地址栏和搜索栏组成。

（1）导航按钮　导航按钮包括“返回到←”按钮、“前进到→”按钮、“最近浏览的位置∨”菜单和“上移到↑”按钮。

①“返回到”按钮：单击“返回到”按钮，则返回到浏览的前一个位置窗口，继续单击该按钮，最终返回到“快速访问”。即单击“返回”按钮是按照浏览时的操作步骤一步一步退回去。

②“前进到”按钮：单击“返回到”按钮后，“前进到”按钮变为可用。“前进到”按钮按照用户浏览的先后步骤运动。

③“最近浏览的位置”按钮：单击该按钮，将打开最近浏览过的位置列表，单击目标位置选项，就能快速打开该位置窗口。

④“上移到”按钮：单击该按钮，则按照浏览窗格中的文件夹的层次关系返回上一层文件夹，最终回到“桌面”。

（2）地址栏　地址栏显示当前窗口内容的文件夹名称从外向内的列表，文件夹名称之间以箭头号“>”分隔，通过它可以清楚地显示当前打开的文件夹的路径。

① 单击文件夹名称，则打开并显示该文件夹中的内容；

② 单击文件夹名称之间的分隔箭头“>”，则显示该文件夹中的子文件夹名称，单击子文件夹名称将切换到该子文件夹。

③ 单击地址栏中左端的图标，或者单击地址栏中文件夹名称后面的空白，则地址栏中的文件夹名称显示为路径。

④ 单击地址栏中右端的“上一个位置∨”按钮，将显示输入或更改的路径列表，单击某路径将切换到相应文件夹。

（3）搜索文本框　搜索文本框功能是搜索当前窗口中的文件和文件夹。在搜索框中输入关键字，不必输入完整的文件名，即可搜索到文件名中包含该关键字的文件和文件夹。在搜索出的文件和文件夹中，会用不同颜色标记搜索的关键字，可以根据关键字的位置来判断结果文件是否为所需的文件。此外，还可以为搜索设置更多的附加选项。

4. 导航窗格

在“文件资源管理器”窗口左边的导航窗格中，默认显示快速访问、OneDrive、此电脑、网络和家庭组，它们都是该设备的文件夹根。

如果文件夹图标左侧显示为右箭头“>”按钮，表示该文件夹处于折叠状态，单击该按钮可展开文件夹，同时该按钮变为下箭头“∨”按钮。

如果文件夹图标左侧显示为下箭头“∨”按钮，表明该文件夹已展开，单击该按钮可折叠文件夹，同时按钮图标变为“>”。

如果文件夹图标左侧没有图标，则表示该文件夹是最后一层，无子文件夹。

5. 内容窗格

内容窗格是“文件资源管理器”窗口中最重要的部分，用于显示当前文件夹中的内容。所有当前位置上的文件和文件夹都显示在内容窗格中，文件和文件夹的操作也在内容窗口中进行。

在左侧的导航窗格中单击文件夹名，右侧内容窗格中将列出该文件夹中的内容。在右侧内容窗格中双击文件夹图标将显示其中的文件和文件夹，双击某文件图标可以启动对应的程序或打开文档。

如果通过在搜索框中输入关键字来查找文件，则仅显示当前窗口中相匹配的文件，包括子文件夹中的文件。

6. 状态栏

状态栏位于窗口底部，包括窗口提示、详细信息和大图标。

（1）窗口提示　窗口状态栏左端是项目提示区域，对窗口中浏览或选定的项目作简要说明。

（2）详细信息　“详细信息”按钮把窗口内的项目排列方式快速设置为“在窗口中显示每一项的相关信息”。

使用详细信息窗格可以查看与选定文件关联的最常见属性。文件属性是关于文件的信息，如作者、上一次更改文件的日期以及可能已添加到文件的所有描述性标记。

在“详细信息”视图中，使用“列标题”可以更改文件列表中文件的整理方式。例如，可以单击列标题的左侧以更改显示文件和文件夹的顺序，单击列标题的右侧以采用不同的方法筛选文件。

注意，只有在“详细信息”视图中才有列标题。

（3）大图标　“大图标”按钮把窗口内的项目排列方式快速设置为“使用大缩略图显示项”。

实例 1.7　查看当前使用计算机的常用文件夹及最近使用的文件

操作步骤：

① 双击桌面“此电脑”，打开“文件资源管理器”；

② 单击“导航窗格”最顶端“快速访问”；

③“窗格内容”显示常用文件夹，常用文件夹显示桌面、下载、文档和图片四个固定的文件夹，其余为最近常用的文件夹。在常用文件夹后面显示最近常用的文件，默认显示 20 个文件，如图 1-14 所示。

任务 3　选择文件

在“文件资源管理器”中，选择对象是操作的第一步，选择对象可以是文件或文件

图1-14 “快速访问”显示内容

夹，可以单选、多选、全选，选择后，也可以取消选择。

实例 1.8 打开“Select”文件夹，完成下列文件的选择操作。

（1）单选 选择“s3”文件；再取消选择。

（2）连续多选 选择“s1～s10”连续多个文件。

（3）不连续多选 选择“s1，s3，s6”三个文件。

（4）反向选择 选择“s1，s3，s6”三个文件之外的所有文件。

（5）全部文件。

操作步骤：

① 单选：直接单击“s3”文件，“s3”文件反白显示，表示选中；取消选择。单击窗口的空白处，即可取消选择。

② 连续多选：先选中连续排列的第一个文件“s1”，按下“Shift”键，然后单击最后一个文件“s10”，这时两个文件之间的所有文件被选中。

③ 不连续多选：按住“Ctrl”键不松开，逐一单击要选择项目“s1”“s3”“s6”文件，如果选错对象，再次单击，则取消选中。

④ 反向选择：先选择“s1”“s3”“s6”三个文件，再单击“主页”选项卡→“选择”组→“反向选择”。

⑤ 全选：单击“主页”选项卡→“选择”组→“全部选择”；或使用快捷键“Ctrl+A”。

任务4 复制和移动

移动操作是指将指定的文件或文件夹，从原文件夹移至目标文件夹，文件或文件夹从原文件夹中删除。通过移动操作，可以有效整理归类计算机文件。

复制操作是指将指定的文件或文件夹，从原文件夹复制至目标文件夹，文件或文件夹还保留在原文件夹中。通过复制操作，可以对重要的文件或文件夹进行备份，以防止误删除或损坏。

实例 1.9 打开“Copy”文件夹，复制文件 a 到“CopyTo”。

操作步骤：

方法 1：同时打开“Copy”和“CopyTo”，并排排列，在“Copy”文件夹，选择 a

文件，按住“Ctrl”键，将其拖动到“CopyTo”，如图 1-15 所示。

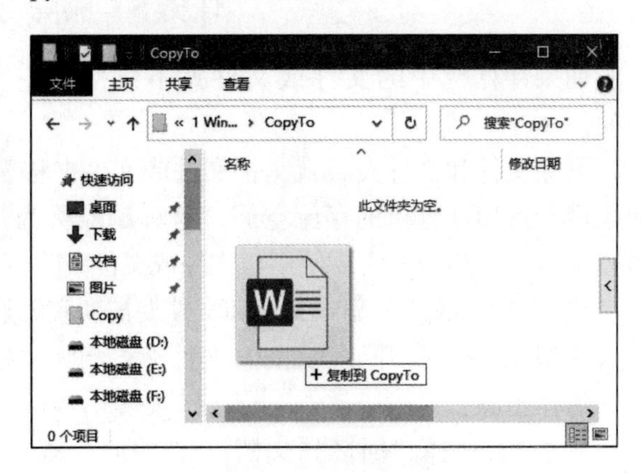

图1-15　拖动复制

方法 2：同时打开“Copy”和“CopyTo”，并排排列，在“Copy”文件夹，选择 a 文件，按住右键将其拖动到“CopyTo”，释放鼠标，在快捷菜单中，选择“复制到当前位置”，如图 1-16 所示。

方法 3：打开“Copy”文件夹，选择 a 文件，按“Ctrl+C”键，打开“CopyTo”文件夹，按“Ctrl+V”键。

方法 4：打开“Copy”文件夹，选择 a 文件，单击“主页”→“剪贴板”组→“复制”；打开“CopyTo”文件夹，单击“主页”→“剪贴板”组→“粘贴”。

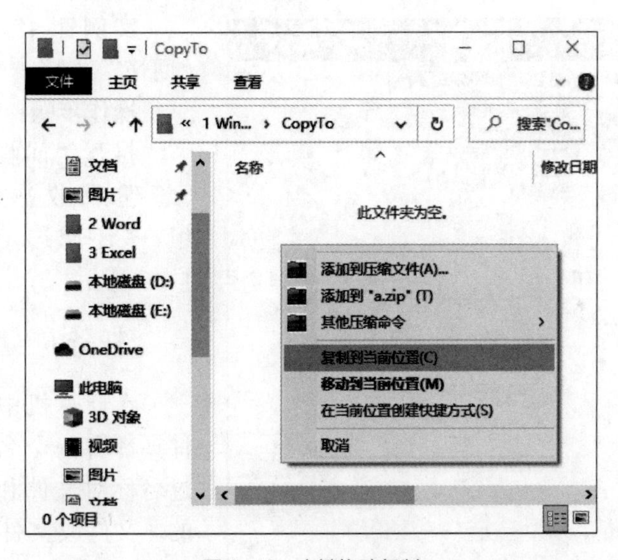

图1-16　右键拖动复制

实例 1.10　打开“Copy”文件夹，移动文件 b 到“CopyTo”。

操作步骤：

方法 1：同时打开“Copy”和“CopyTo”，并排排列，在“Copy”文件夹，选择 b 文件，将其拖动到“CopyTo”。

方法 2：同时打开“Copy”和“CopyTo”，并排排列，在“Copy”文件夹，选择 a 文件，按住右键将其拖动到“CopyTo”，释放鼠标，在快捷菜单中，选择“移动到当前位置”。

方法 3：打开“Copy”文件夹，选择 b 文件，按“Ctrl+X”键，打开“CopyTo”，按“Ctrl+V”键。

方法 4：打开“Copy”文件夹，选择 b 文件，单击“主页”→“剪贴板”组→“剪切”；打开“CopyTo”文件夹，单击“主页”→“剪贴板”组→“粘贴”。

任务5 删除与还原

如果计算机中的文件或文件夹不再使用，应该将其删除，以释放其占用的磁盘空间。

删除文件和文件夹，就是把文件或文件夹移至“回收站”中，回收站是硬盘中的一块区域，占用计算机的存储空间，这种删除称为“逻辑删除”，被删除的对象并没有从磁盘中清除，当用户需要使用该文件或文件夹时，还可以从“回收站”中将其恢复。如果用户清空“回收站”，删除文件和文件夹被彻底删除，释放存储空间，称为“物理删除”。

实例 1.11 打开“Delete”文件夹，删除“回忆”文档。

操作步骤：

方法1：选择“回忆”文档，按“Del”键。

方法2：选择“回忆”文档，单击“主页”→“组织”组→“删除”。

方法3：选择“回忆”文档，右击，在弹出的快捷菜单中，选择“删除”。

方法4：选择“回忆”文档，直接将其拖到回收站中。

图1-17 “回收站”窗口

实例 1.12 还原被删除的“回忆”文档。

操作步骤：

打开“回收站”窗口，单击“管理/回收站工具”→“还原”组→“还原选定的项目”。如图1-17所示。

任务6 重 命 名

在计算机中，每个文件和文件夹都有一个名称，系统正是通过名称对文件和文件夹进行管理的。文件或文件夹的命名应尽量与其内容相一致，做到“望文生义”。

实例 1.13 打开“Rename”文件夹，重命名“Student. txt”文件为“学生 . txt”。

操作步骤：

选择“Student. txt”文本文件。

方法1：右击，在快捷菜单中，选择“重命名”。

方法2：按F2键。

方法3：两次单击文件名（第一次为选中对象，第二次为重命名）。

方法4：单击“主页”选项卡→“组织”组→“重命名”。

显示编辑文件名文本框，在文本框中，输入“学生”，然后按“Enter”键或单击空白处确定。

任务7　搜 索 文 件

当用户忘记了文件或文件夹的位置，只知道该文件或文件夹的名称和文件的内容、类型、文件大小、创建时间等条件时，用户可以通过搜索功能搜索需要的文件或文件夹。

实例 1.14　在“Data”文件夹中，完成以下操作。

(1) 按文件大小搜索　搜索小文件（16KB~1MB）。

(2) 按文件类型搜索　搜索所有文本文件。

操作步骤：

① 按文件大小搜索：打开“Data”文件夹，单击“搜索栏”，在添加的“搜索工具/搜索”选择卡中，单击“优化”组→“大小”下拉按钮，在列表框中，选择“小（16KB~1MB）”，如图 1-18 所示；搜索结果如图 1-19 所示，单击“搜索工具/搜索”选择卡→“关闭搜索”。完成文件搜索。

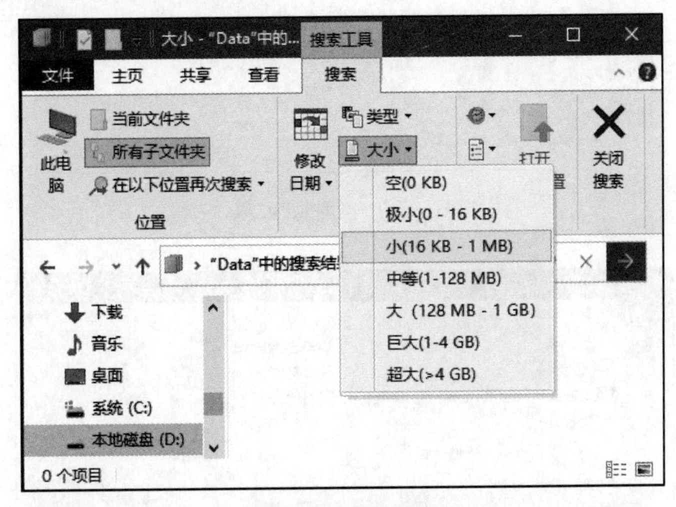

图1-18　搜索条件

图1-19　搜索结果

② 按文件类型搜索：

方法 1：打开“Data”文件夹，单击“搜索栏”，在添加的“搜索工具/搜索”选择卡中，单击“优化”组→“其他属性”下拉按钮，在列表框中，选择“类型”，在“搜索栏”中添加“类型：”内容，在其后输入“=. txt”，构成搜索条件“类型：=. txt”，搜索界面及搜索结果如图 1-20 所示，单击“搜索工具/搜索”选择卡→“关闭搜索”。

方法 2：直接在“搜索栏”中，输入“ * . txt” （“ * ”号表示匹配任意个字符，“?”号表示当且仅当一个匹配字符)，搜索条件和搜索结果如图 1-21 所示。

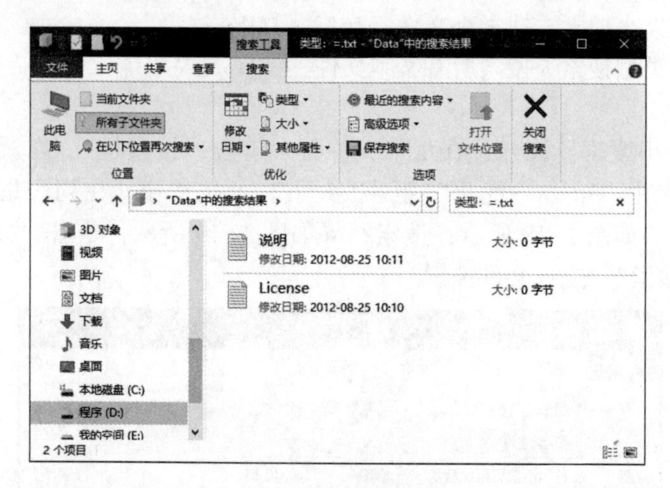

图 1-20　类型搜索结果

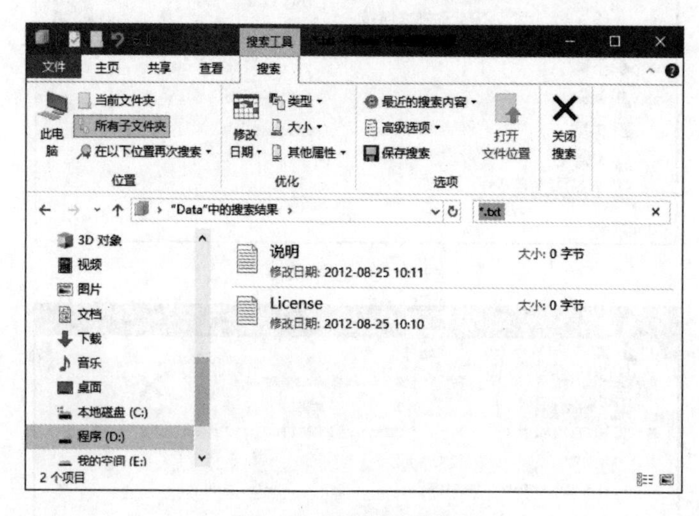

图 1-21　通配符搜索结果

MODULE

2

模块二

Word 2016 基本操作

Word 2016 基本操作包括文档编辑、文档格式、图文混排、表格、邮件合并、样式、页面布局和目录等内容。

项目一 文档编辑

文档编辑包括光标定位、文字选择、特殊字符输入、移动复制、查找和替换等内容。

任务1 定制快速访问工具栏

Word 2016 的快速访问工具栏位于标题栏左侧，由新建、打开等常用命令按钮构成。

实例 2.1 打开“Word 2016”程序，定制“快速访问工具栏”，添加“新建”“打开”按钮。

操作步骤：

在快速访问工具栏中，单击右侧“自定义快速访问工具栏”下拉按钮，弹出“自定义快速访问工具栏”列表，选中“新建”，同理添加“打开”，如图 2-1 所示。

提示：

(1) 可以通过“其他命令”，添加或删除其他命令，如图 2-2 所示。

(2) 删除已添加的工具，选择需要删除的工具，右击，在快捷菜单中，选择“从快捷访问工具栏删除”。

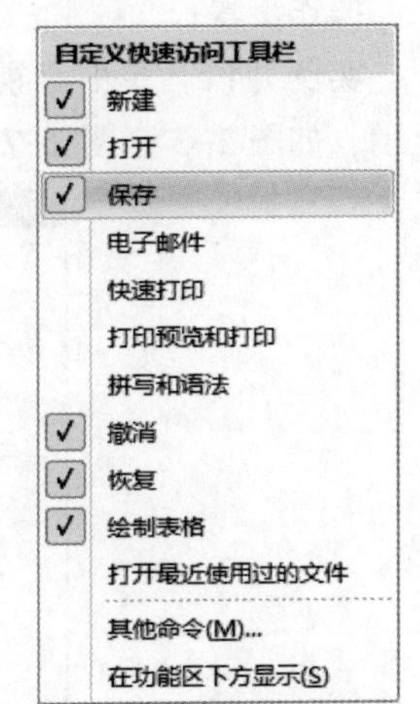

图 2-1 自定义快速访问工具栏

任务2 文档视图

在 Word 2016 中，文档显示方式称为视图。Word 2016 提供了页面视图、阅读版式视图、Web 版式视图、大纲视图和草稿五种。

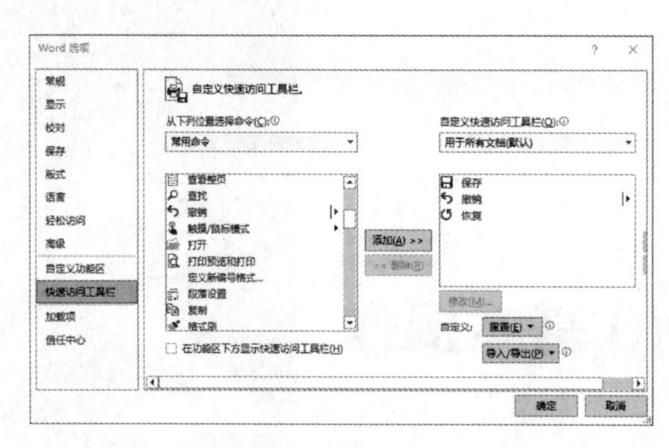

图 2-2 添加其他命令

(1) 阅读版式视图 此视图的最大特点是便于用户阅读文档，它模拟书本阅读的方式，让人感觉在翻阅书籍，并且可以利用工具栏上的工具，在文档中以不同颜色突出显示文本或者插入批注内容。

(2) 页面视图 在此视图下，显示的文档与打印出来的结果几乎是完全一样的，也就是所见及所得，文档中的页眉、页脚、脚注、分栏、图形对象等项目显示在实际的打印位置处。分页以虚线表示，以实际的页边距显示。

(3) Web 版式视图 在此视图下，它能够模拟 Web 浏览器以网页的形式显示文档，主要用于创建网页。

(4) 大纲视图 此视图用于创建文档的大纲，查看以及调整文档的结构。切换到大纲视图后，显示“大纲”选项卡，可以选择仅查看文档大纲、升降各标题的级别或移动标题重新组织文档。

(5) 草稿 隐藏了“页面边距”“分栏”“页眉页脚”和“图片”等元素，仅显示标题和正文。在“草稿视图”中，页与页之间用单虚线表示分页，节与节之间用双虚线表示分节，便于编辑和阅读文档。

实例 2.2 打开“计算机基础”文档，完成下列操作。

(1) 分别以阅读版式视图、页面视图、Web 版式视图、大纲视图和草稿五种视图显示。

(2) 在“页面视图”下，以“页宽”显示文档。

(3) 在“页面视图”下，显示隐藏“标尺”。

操作步骤：

实例 (1) 单击“视图”选项卡→“视图”组→依次单击五种视图按钮，查看视图显示，如图 2-3 至图 2-7 所示。

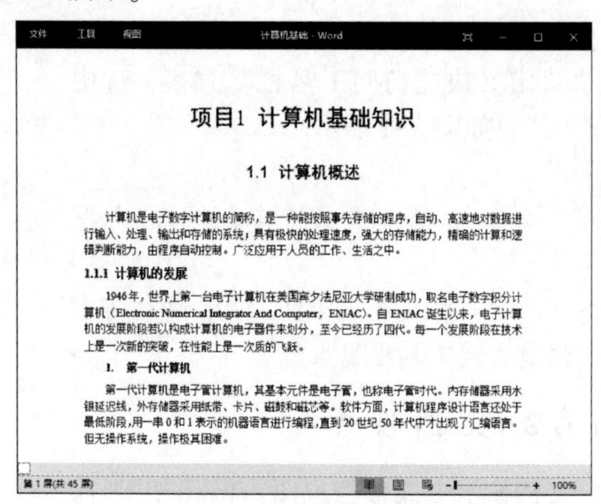

项目1 计算机基础知识

1.1 计算机概述

计算机是电子数字计算机的简称，是一种能按照事先存储的程序，自动、高速地对数据进行输入、处理、输出和存储的系统；具有极快的处理速度，强大的存储能力，精确的计算和逻辑判断能力，由程序自动控制。广泛应用于人员的工作、生活之中。

1.1.1 计算机的发展

1946 年，世界上第一台电子计算机在美国宾夕法尼亚大学研制成功，取名电子数字积分计算机（Electronic Numerical Integrator And Computer，ENIAC）。自 ENIAC 诞生以来，电子计算机的发展阶段若以构成计算机的电子器件来划分，至今已经历了四代。每一个发展阶段在技术上是一次新的突破，在性能上是一次质的飞跃。

1. 第一代计算机

第一代计算机是电子管计算机，其基本元件是电子管，也称电子管时代。内存储器采用水银延迟线，外存储器采用纸带、卡片、磁鼓和磁芯等。软件方面，计算机程序设计语言还处于最低阶段，用一串 0 和 1 表示的机器语言进行编程，直到 20 世纪 50 年代中才出现了汇编语言。但无操作系统，操作极其困难。

图 2-3 阅读版式视图

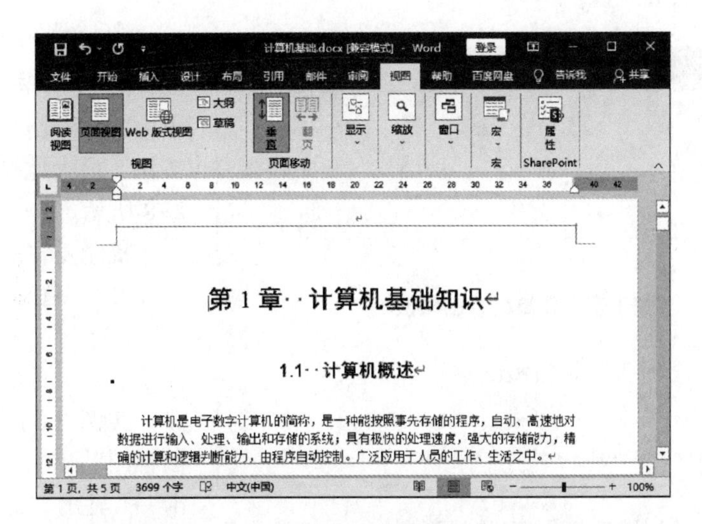

图 2-4　页面视图

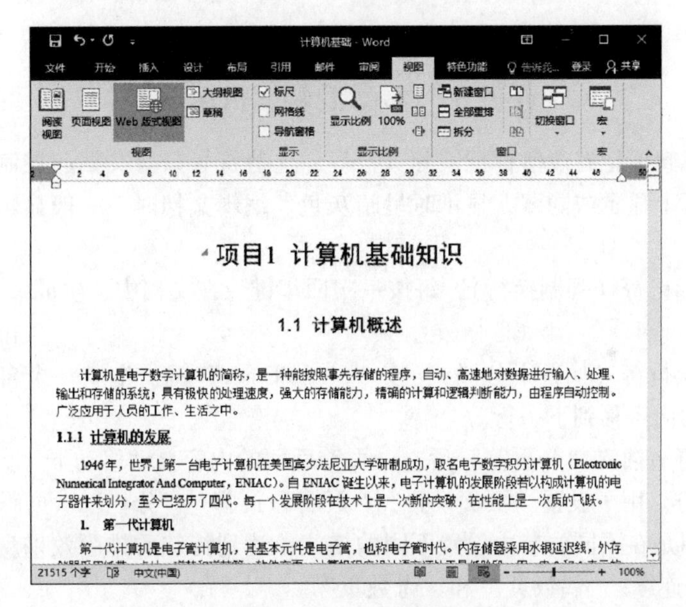

图 2-5　Web 版式视图

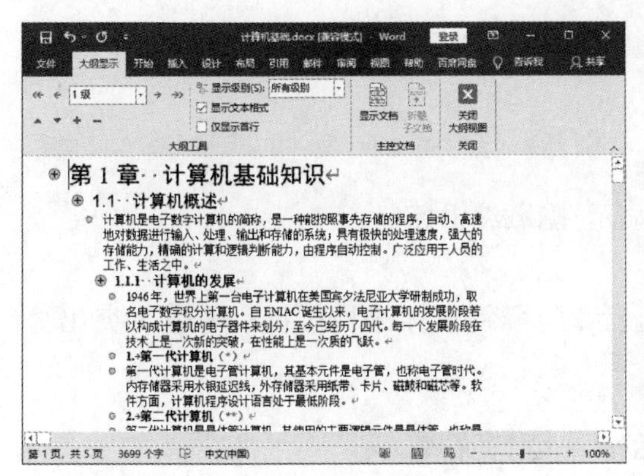

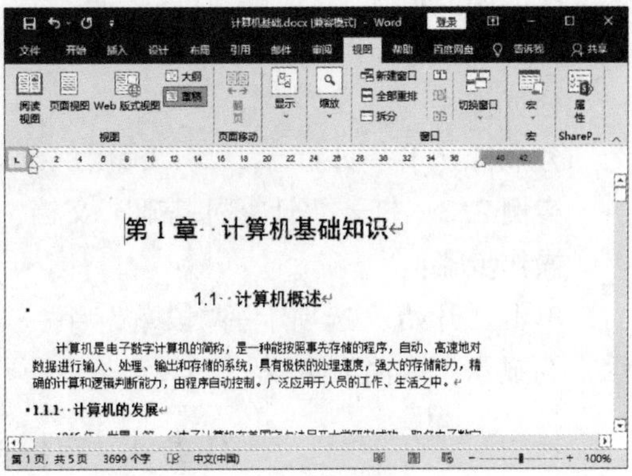

图 2-6　大纲视图

图 2-7　草稿

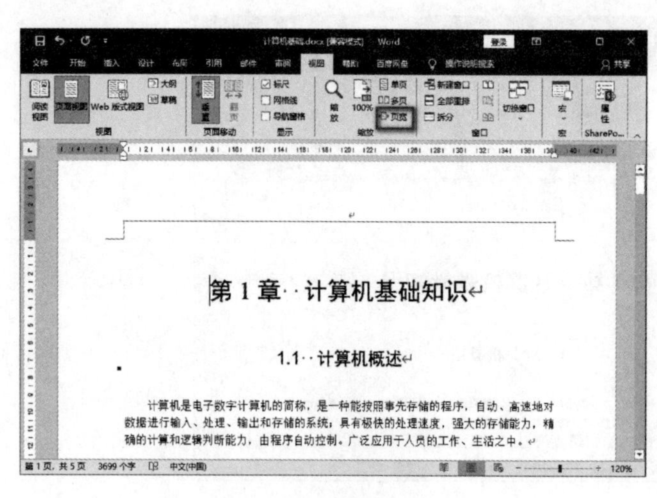

图2-8 “页宽”显示

实例（2） 切换到“页面视图”，单击“视图”选项卡→“显示比例”组→“页宽”按钮，最大化显示页面，如图2-8 所示。

提示：

可以通过窗口右下角“显示比例”，查看显示比例大小。

实例（3） 切换到“页面视图”，单击“视图”选项卡→“显示”组→“标尺”复选框，选中为显示，取消为隐藏。

任务3 显示/隐藏编辑标记

文档中的编辑标记有段落标记、分页符等，这些符号只对文档起控制作用，不能打印，但可在屏幕上显示或隐藏，显示时呈暗灰色。编辑文档时，一般显示这些标记，便于用户格式化。

（1）段落标记符（强制换行），每按一次回车键，在文档中，生成一个段落标记符，形成新的一段。

（2）自动换行符（换行不分段），按“Shift+Enter”键，生成一个自动换行符，自动换行符后面的内容移到下一行。

（3）分页符 插入“分页符”后，分页符后面的内容自动移动下一页。

（4）分节符 用于设置“页面设置”“页眉和页脚”“分栏”“页码”等格式作用范围，主要作用是在不同的节内设置不同的格式，达到特殊的排版效果。分节符的类型有“下一页”“连续”“偶数页”和“奇数页”。

各种编辑符号如下所示：

段落标记符↵

自动换行符↓

分页符 ....分页符..........

分节符（下一页） ....分节符(下一页)..........

实例 2.3 打开“计算机基础”文档，显示/隐藏编辑标记。

操作步骤：

单击“开始”选项卡→“段落”组→“显示/隐藏编辑标记”按钮，选中（突出显示）为显示，取消为隐藏。

任务4 定位光标、选择文本

实例 2.4 打开“文档编辑 .docx”，练习定位和选择。

操作步骤：

① 定位：

鼠标定位：单击“定位”，光标在定位处闪烁。

键盘定位：键盘定位操作方法见表 2-1。

表 2-1 键盘操作方法

键　盘	功　能
[↓]、[↑]、[←]、[→]	分别向上、下、左、右移动一行一字
Home	光标快速定位到本行首
End	光标快速定位到本行末
Ctrl+Home	光标快速定位到文档首
Ctrl+End	光标快速定位到文档末
Shift+F5	返回上一次编辑处

② 选择：选择方法见表 2-2。

表 2-2 选择方法

选择对象	操作要点	选择方法
连续文本	拖动	将鼠标指针移到选择文本的起始处，按下鼠标左键拖动到选中文本的终止处松开，应用于小范围文本选中
	Shift+单击	单击要选中文本的起始点处，按住“Shift”键，单击选中文本的终止处，应用于较大范围文本选中
不连续文本	Ctrl+拖动	按住“Ctrl”键选中所需的区域。如果再次单击已选中区域，则取消此区域的选中
行	选择区+单击	选择区中，单击，选中鼠标右侧对应的行。如果单击再拖运，选中连续多行
段	选择区+双击或段中三击	选择区中，双击，选中指针右侧对应的段。或者在该段中的任意位置三击
全选	选择区+三击或“Ctrl+A”	选择区中，三击。或按快捷键“Ctrl+A”

提示：

(1) 被选中的文本呈反显状态　在文档中任意位置单击，则取消所有选择。

(2) 文档的左边距范围构成的区域为选择区　鼠标移至选择区，指针变为指向右上角的箭头。

任务 5　插入特殊符号

实例 2.5　打开“输入文本”文档，插入下列符号。

(1) 插入带圈数字序号“①”；

(2) 插入摄氏度符号“℃”、符号“※”；

（3）插入当前日期且自动更新，格式形式为：2021 年 7 月 10 日。

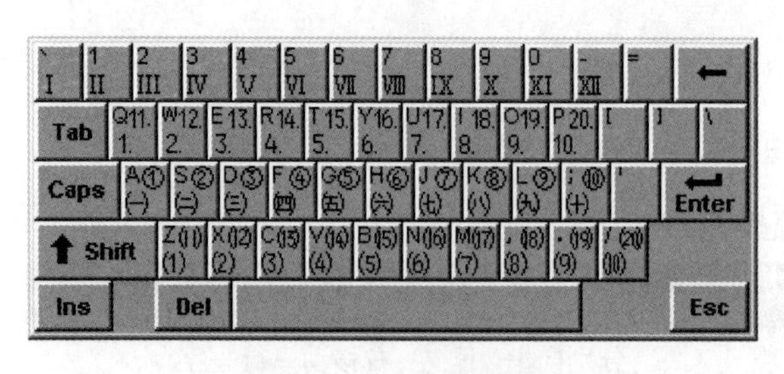

图 2-9　数字序号软键盘

操作步骤：

① 插入序号“①”：

方法 1：在中文输入法状态条的右端软键盘上右击，在弹出的快捷菜单中选择“数字序号”软键盘，如图 2-9 所示。按住“Shift”键，在软键盘上用鼠标点击“A”键，插入符号“①”。

方法 2：单击“插入”选项卡→“符号”组→“编号”，弹出“编号”对话框，在“编号”文本框中，输入“1”，在“编号类型”列表框中，选择带圈的类型，单击“确定”按钮，如图 2-10 所示。

② 插入符号“C”　“※”：通过软键盘的“特殊符号”插入摄氏度符号“℃”、符号“※”，如图 2-11 所示。

图 2-10　编号类型列表框

③ 插入当前日期并更新：日期和时间是常量，不能自动更新，所谓自动更新就是下次打开文档时，日期和时间自动更新为系统当前日期和时间。

插入方法：定位光标，单击“插入”选项卡→“文本”组→“日期和时间”按钮，弹出“日期和时间”对话框，在“可用格式”列表框中选择“2021 年 7 月 10 日”，同时选中“自动更新”选项，如图 2-12 所示，单击“确定”按钮。

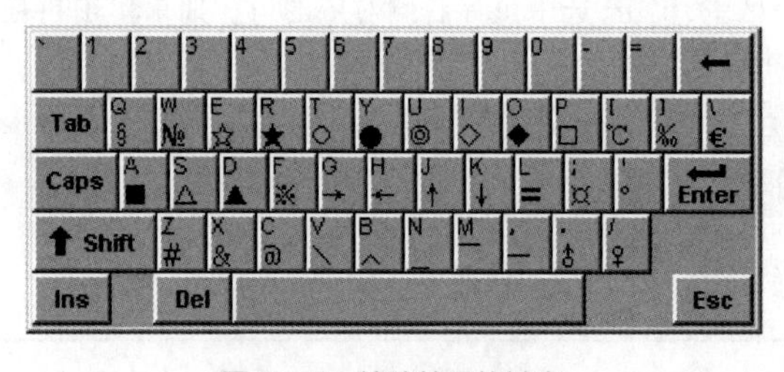

图 2-11　特殊符号软键盘

任务 6　移动、复制、粘贴

在 Word 2016 中，系统专门在内存中开辟了一块区域，作为移动或复制的中转站，称为“剪贴板”。用户可以把文本、图片、表格等数据复制或剪切在“剪贴板”中，需要时粘贴，达到数据交换的目的。剪贴板的操作如下：

（1）剪切　将文档中所选的对象移动到剪贴板中，文档中的原对象被清除。

（2）复制　将文档中所选的对象复制到剪贴板中，文档中的原对象仍保留。

（3）粘贴　将剪贴板中的内容复制到当前文档的插入点的位置。

Word 2016 提供“剪切板”窗格，打开“剪切板”窗格的操作方法是：单击“开始”选项卡→“剪贴板”组→“剪贴板”窗格，弹出“剪贴板”窗格，如图 2-13 所示。通过“剪贴板”工具，可对“剪切板”内容进行“全部清空”“全部粘贴”“粘贴”“复制”等操作，“剪切板”可以一次性对多个对象进行“复制”“剪切”“粘贴”等操作，也可对同一个对象进行多次操作。

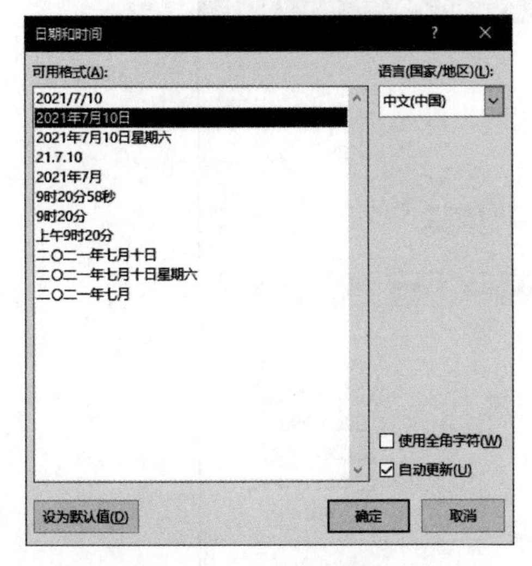

图 2-12　日期和时间样式

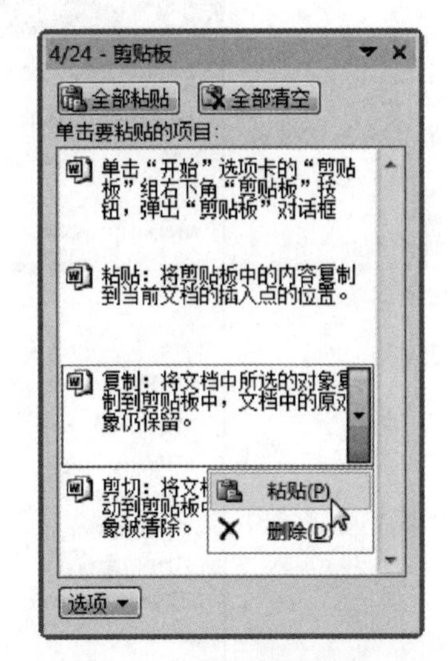

图 2-13　“剪贴板”窗格

实例 2.6　打开“文档编辑”文档，把正文文档第 1 段复制到最后，构成最后一段。

操作步骤：

选择正文第 1 段，单击“开始”选项卡→“剪贴板”组→“复制”；或选择快捷菜单中的“复制”；或按快捷键“Ctrl+C”。

将光标定位文档最后一空行，如果没有空行，定位到文档最后，按回车键，产生空行。

单击“开始”选项卡→“剪贴板”组→“粘贴”下拉按钮→“保留原格式”；或选择快捷菜单中的“粘贴”命令；或按快捷键“Ctrl+V”。

提示：

粘贴选项有三项，分别是“保留原格式”“合并格式”和“只保留文本”。

(1) 保留原格式　目的格式与原格式完全一致。

(2) 合并格式　目的格式转换为文档的当前格式。

(3) 只保留文本　只保留文本，且文本格式转换为文档的当前格式，删除除文本以外的所有对象，如图片、表格边框等，读者可以复制带图片或表格的内容，查看此选项粘贴的效果。

任务 7　查找和替换

查找和替换不仅可以查找和替换文字、特殊字符，还可以查找和替换字符格式。

实例 2.7　打开“文档编辑”文档，把所有“计算机”替换为“电脑”，设置字体：加粗；字体颜色：红色。

操作步骤：

单击“开始”选项卡→“编辑”组→“替换”，弹出“查找和替换”对话框。在“查找内容”文本框中输入“计算机”。在“替换为”文本框中输入“电脑”；单击“格式”，设置“字体”格式为“加粗”“红色”。单击“全部替换”按钮，如图 2-14 所示。弹出“完成替换”对话框，如图 2-15 所示。

图 2-14 “查找和替换”对话框

图 2-15 “完成替换”对话框

提示：

如果设置“查找内容”或“替换为”格式错误，定位“查找内容”或“替换为”文本框，再单击“不限定格式”按钮，清除格式，重新设置。

任务 8 撤销和恢复

在使用 Word 编辑文档时候，如果出现错误的操作，可以使用撤销与恢复功能进行调整。

实例 2.8 打开“文档编辑 . docx”，练习撤销与恢复。

操作步骤：

选择项目一标题段，删除。在“快速访问工具栏”中，单击“撤销”按钮，则删除标题段还原回来。

“撤销”操作后，如果“撤销”是误操作，可取消“撤销”。在“快速访问工具栏”中，单击“恢复”按钮。取消“撤销”，还原“撤销”之前的状态，标题段重新删除。

提示：

（1）Word 可记录多个操作，可单击“撤销”按钮右侧的向下箭头，弹出操作步骤记录列表框，选择其中某一条，相当于多次“撤销”，还原到此操作之前的状态。

（2）如果进行多次“撤销”操作，也可连续单击“恢复”，逐步还原“撤销”，直到还原所有“撤销”。

项目二　文档格式

文档格式主要包括字符格式、段落格式、首字下沉、分栏、边框和底纹以及项目符号和编号。

任务1　字符格式

字符格式主要设置有字体、字号、字符颜色、加粗、倾斜、下划线、着重号、边框底纹、上下标等。

实例 2.9　打开“字符格式”文档，设置字符格式，格式要求及示例见表 2-3。

表 2-3　字符格式

格式要求	格式示例	格式要求	格式示例
着重号	荷塘月色	底纹	荷塘月色
边框	荷塘月色	双下划线	荷塘月色
上标	x^2	下标	x_2

操作步骤：

① 应用“开始”选项卡→“字体”组功能：

a. 字符边框。单击“字符边框”按钮，所选字符周边添加边框。

b. 下划线。单击“下划线”下拉按钮，在下拉列表中，选择双“下划线”。

c. 字符底纹。单击“字符底纹”按钮，所选字符添加灰色底纹。

d. 上标或下标。单击“上标”或“下标”按钮，所选字符缩小，与顶端对齐，或与底部对齐。

② 应用“字体”对话框：选择字符，单击“开始”选项卡→“字体”组→“字体”按钮，弹出“字体”对话框。定位“字体”选项卡，设置字体格式有：着重号、双划线线型、上标、下标等，如图 2-16 所示。单击“确定”按钮。

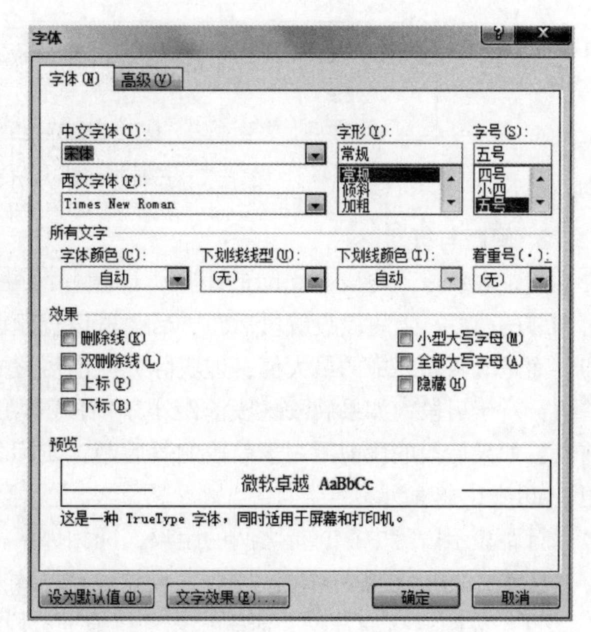

图 2-16　“字体”选项卡

任务2　段落格式

段落以回车符作为结束标记，是独立的信息单位。当按 Enter 键时，产生一个段落标记，表示一个段落的结束，同时也是一个新段落的开始。

段落标记符号存储着段落格式信息，段落格式主要包括对齐方式、缩进方式、行间距、段前距、段后距等。段落设置的单位有字符、磅和厘米。

1. 对齐方式

段落对齐方式有5种，说明如下。

（1）左对齐　段落中每行文本以左边界为基准，左对齐，但右边不要求对齐。

（2）右对齐　段落中每行文本以右边界为基准，右对齐，但左边不要求对齐。

（3）两端对齐　段落中除最后一行文本左对齐外，其余行调整文本的水平间距，以左右边界为基准，两端对齐，即同时实现左对齐和右对齐。这是常用的一种对齐方式。

（4）居中　段落每行文本居于左右边界的中间。

（5）分散对齐　段落最后一行调整文本的水平间距使其均匀分布填充整行，其余行两端对齐。

2. 缩进方式

设置段落缩进可以将段落与其他段落错位显示，突出段落层次。段落缩进共有4种形式。

（1）左缩进　以左边界为基准，段落中的所有行整体向右缩进。

（2）右缩进　以右边界为基准，段落中的所有行整体向左缩进。

（3）首行缩进　以左缩进为基准，段落的首行向右缩进，使之与段落其他行错开，便于识别段落的开始。通常首行缩进设置2字符。

（4）悬挂缩进　以左缩进为基准，段落中除首行外，其余各行向右缩进，使首行悬空，突出显示首行。

注意事项，首行缩进与悬挂缩进不能同时设置。左缩进、首行缩进和悬挂缩进3者之间的关系如图2-17所示。

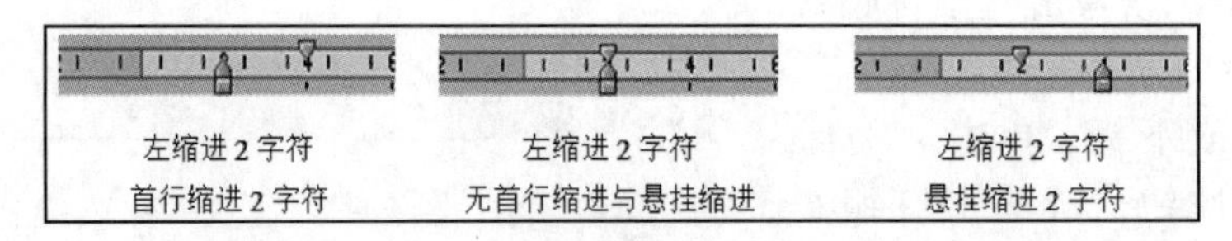

图2-17　左缩进，首行缩进和悬挂缩进

3. 间距与行距

间距表示段落与段落之间的距离，即相邻两段之间的距离，包括段前距和段后距。对相邻的两段，上一段设置段后距，后一段设置段前距，两段之间的距离并不是两者之和，而是取两者之中的最大值，但实际分配前后段的比例不同，前段实际分配与设定值一致；对于后段，如果后段的段前距小于前段的段后距，实际分段为0，即全部分配给前段；如果后段的段前距大于前段的段后距，实际分配为：后段的段前距减前段的段后距，如图2-18所示。

行距表示段落中行与行之间的距离，即相邻两行之间的距离。

实例2.10　打开“荷塘月色”，设置段落格式。

（1）标题“荷塘月色”居中，无首行缩进，段前、段后各1行。

（2）第1段“有位……平淡”，首行缩进二字符，段前、段后各5磅。

图2-18　格式效果

（3）第 2 段“做人需要……他人的依赖”，首行缩进 2 字符，单倍行距。

（4）第 3 段“从我们来到……什么是人生”，左右各缩进 2 字符，首行缩进 2 字符，行距固定值 20 磅。

操作步骤：

选择对应段落，单击“开始”选项卡→“段落”组→“段落”按钮，弹出“段落”对话框，选择“缩进和间距”选项卡，如图 2-19 所示。

① 在“常规”区域中，设置对齐方式。

② 在“缩进”区域中，设置左右缩进、首行缩进、悬挂缩进（当设置单位与默认单位不同时，直接输入中文单位厘米、磅、字符）。

③ 在“间距”区域中，设置段前段后及行距（当设置单位与默认单位不同时，直接输入中文单位厘米、磅、行）。

图2-19　“缩进和间距”选项卡（标题设置）

提示：

（1）使用“开始”选项卡→“段落”组功能：设置对齐方式、行距等段落格式，如图 2-20 所示。

（2）设置段落格式后，可以通过标尺查看左缩进、右缩进、首行缩进和悬挂缩进，以及左对齐、右对齐，如图 2-21 所示。

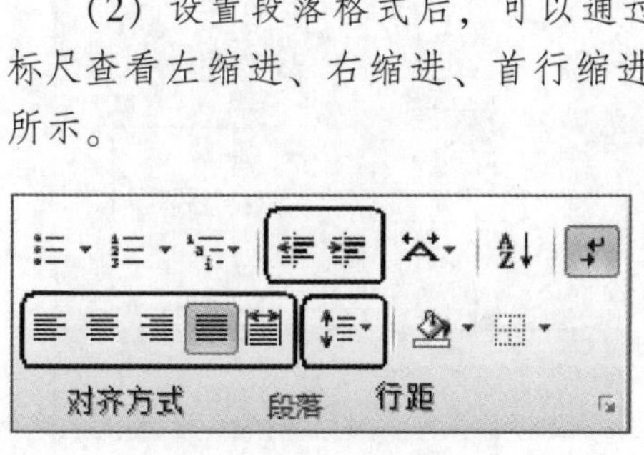

图2-20　“段落”组功能

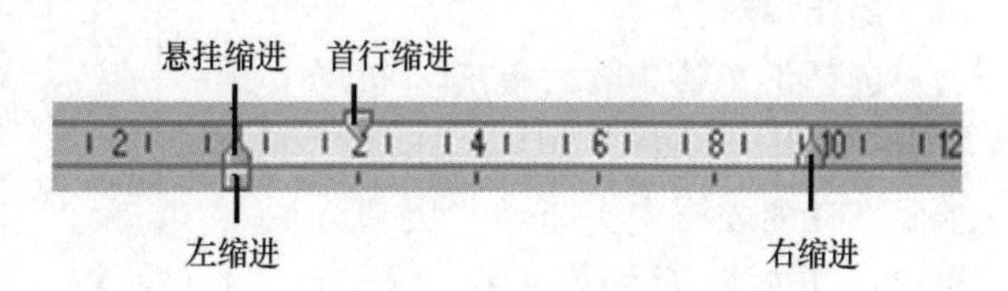

图2-21　“标尺”构成

任务3 首字下沉

首字下沉就是将段落的首字下沉指定的行数。

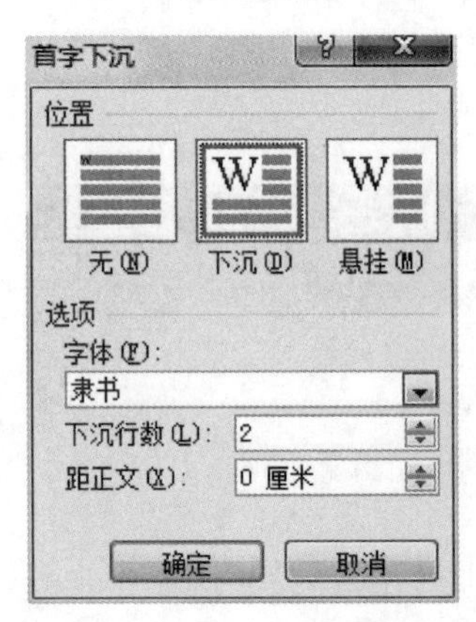

图2-22 “首字下沉”对话框

实例 2.11 打开“荷塘月色”，将正文第1段（这几天心里颇不宁静……）首字下沉，格式要求：位置：下沉；字体：隶书；下沉行数：2；距正文：0厘米。

操作步骤：

定位正文第1段，单击“插入”选项卡→“文本”组→“首字下沉”下拉按钮，在列表框选择“首字下沉选项”，弹出“首字下沉”对话框，在“位置”区域中，选择“下沉”，在字体列表框中选择“隶书”，在“下沉行数”列表框中调整或输入2，在“距正文”列表框中调整或输入0厘米，单击“确定”按钮，如图2-22所示，设置效果如图2-23所示。

这几天心里颇不宁静。今晚在院子里坐着乘凉，忽然想起日日走过的荷塘，在这满月的光里，总该另有一番样子吧。月亮渐渐地升高了，墙外马路上孩子们的欢笑，已经听不见了；妻在屋里拍着闰儿，迷迷糊糊地哼着眠歌。我悄悄地披了大衫，带上门出去。
沿着荷塘，是一条曲折的小煤屑路。这是一条幽僻的路；白天也少人走，夜晚更加寂寞。荷塘四面，长着许多树，蓊蓊郁郁的。路的一旁，是些杨柳，和一些不知道名字的树。没有月光的晚上，这路上阴森森的，有些怕人。今晚却很好，虽然月光也还是淡淡的。
路上只我一个人，背着手踱着。这一片天地好像是我的；我也像超出了平常的自己，到了另一个世界里。我爱热闹，也爱冷静；爱群居，也爱独处。像今晚上，一个人在这苍茫的月下，什么都可以想，什么都可以不想，便觉是个自由的人。白天里一定要做的事，一定要说的话，现在都可不理。这是独处的妙处，我且受用这无边的荷香月色好了。

图2-23 “首字下沉”效果图

提示：

（1）在“首字下沉”对话框中选择“无”，则取消已设置的首字下沉效果。

（2）首字下沉相当于在段落的首行前部插入了一个无边文本框，用户不需调整大小或位置；但可以在首字下沉框中输入多字，达到多字下沉的目的。

任务4 分 栏

分栏就是把选定的内容在页面中以指定栏数显示。

实例 2.12 打开“荷塘月色”，将正文第2段“沿着荷塘……”分栏，要求：两栏、栏宽相等，间距2.02字符，中间加分隔线。

操作步骤：

选择正文第2段，单击“布局”选项卡→“页面设置”组→“分栏”下拉按钮，在列表框中，选择“更多分栏”，弹出“分栏”对话框，在“预设”区域中，选择“两栏”，选中“栏宽相

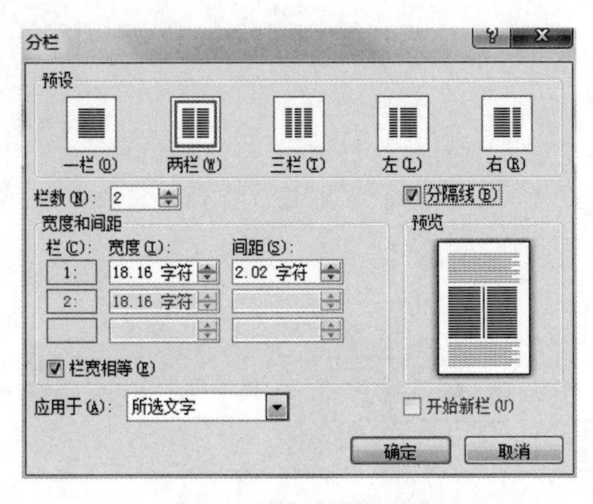

图2-24 “分栏”对话框

等”与“分隔线”复选框，“间距”调整为 2.02 字符，如图 2-24 所示，单击“确定”按钮。分栏效果如图 2-25 所示。

提示：

（1）显示段落标记，分栏后，自动在分栏内容的前后加上一对“分节符（连续）”，分栏内容自成一节，用户不要删除分节符。

（2）选择分栏内容，在“分栏”下拉列表框中，选择“一栏”，再手动删除分节符，相当于删除分栏。

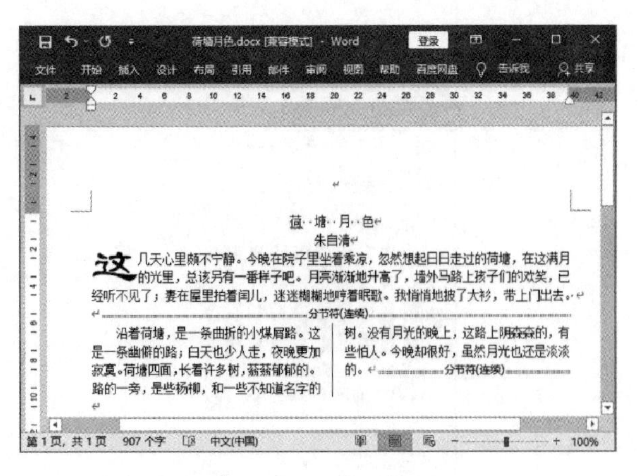

图 2-25　“分栏”效果

任务 5　边框和底纹

边框和底纹就是把选定内容加以指定格式的边框和底纹。

实例 2.13　打开“荷塘月色”文档，设置正文第 3 段“路上只我一个人……”格式，格式要求：边框：0.5 磅黑色实线方框、底纹：“白色背景 1，深色 50%”。

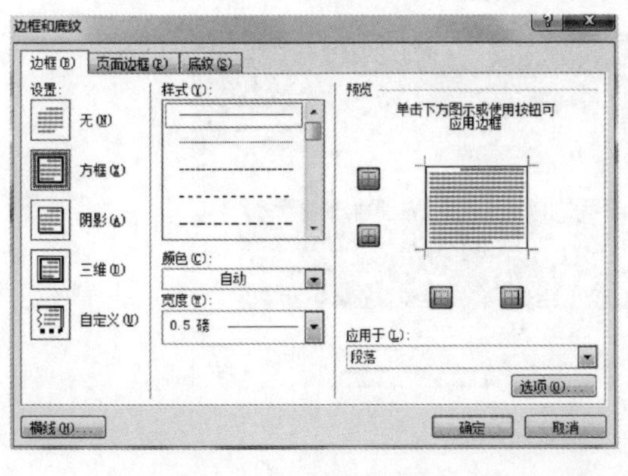

图 2-26　“边框”选项卡

操作步骤：

① 加边框：光标定位正文第 3 段，单击“开始”选项卡→“段落”组→“边框和底纹”下拉按钮，在列表框中选择“边框和底纹”，弹出“边框和底纹”对话框，定位“边框”选项卡，在“设置”列表框中，选定“方框”；“样式”列表中，选定“单实线”；“颜色”列表框中，选择“自动”；“宽度”列表框中，选择“0.5”磅；“应用于”列表框中，选择“段落”，如图 2-26 所示，单击“确定”按钮，效果如图 2-27 所示。

② 加底纹：在“边框和底纹”对话框中，选择“底纹”选项卡，在“填充”列表框中，选择“白色，背景 1，深色 50% 底纹”，在“应用于”下拉列表框中，选择“段落”，如图 2-28 所示，单击“确定”按钮。设置效果如图 2-29 所示。

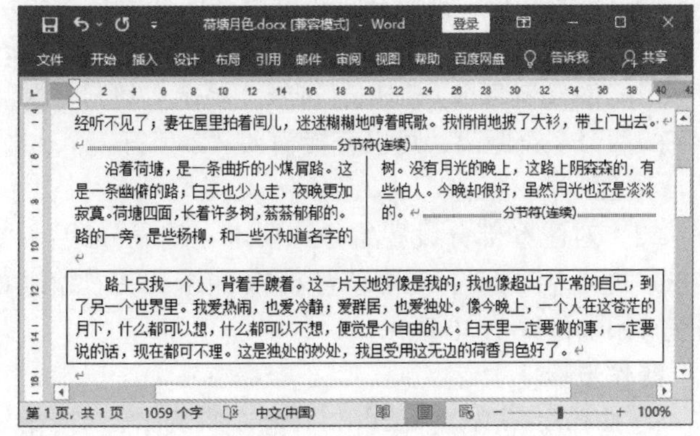

图 2-27　“边框”效果

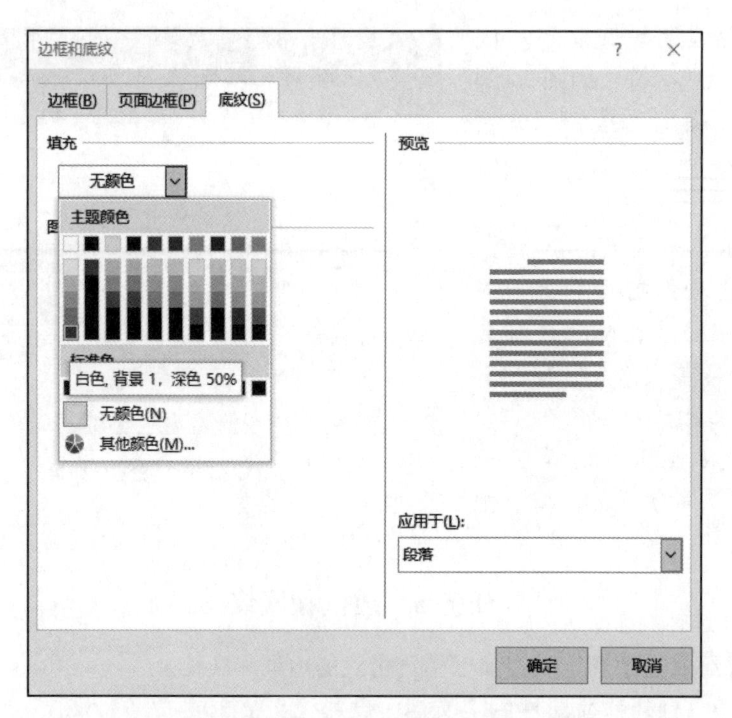

图 2-28 “底纹”选项卡

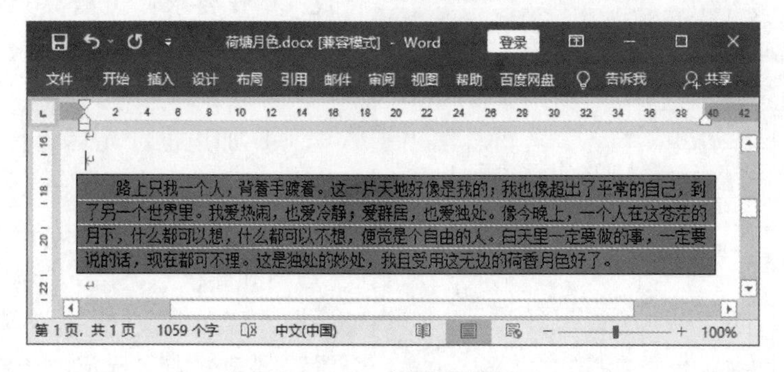

图 2-29 “底纹”效果

任务 6 项目符号和编号

项目符号和编号就是在选定的段落前加上指定格式的项目符合和编号。

实例 2.14 打开“荷塘月色”文档，完成以下操作。

(1) 对注释部分添加项目符号，要求：符号“➢”，符号位置 0.74 厘米（相当于五号字的两个字符距离，可以直接输入“2 字符”），文本缩进 1.48 厘米，制表符添加位置 1.48 厘米。

(2) 对注释部分设置编号，要求：编号样式：“1，2，3，…”；编号格式“1.”；对齐方式“左对齐”；对齐位置 0.74 厘米；文本缩进 0 厘米，编号之后选择“制表符”；制表符添加位置 1.48 厘米。

操作步骤：

① 选择注释部分，单击“开始”选项卡→“段落”组→“多级列表”下拉按钮，在列表框中选择“定义新多级列表”，弹出“定义新多级列表”对话框，设置项目符号为

“➢”，左对齐，对齐位置为“0.74 厘米”，文本，编号之后为制表符，制表位添加位置 1.48 厘米。如图 2-30 所示。单击“确定”。设置效果如图 2-31 所示。

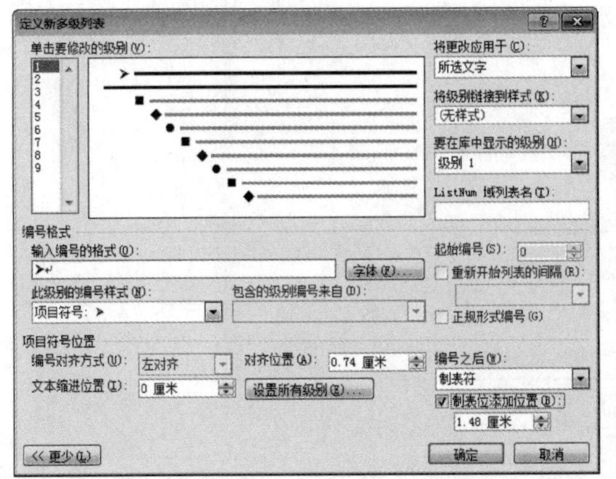

图 2-30　“项目符号”定义

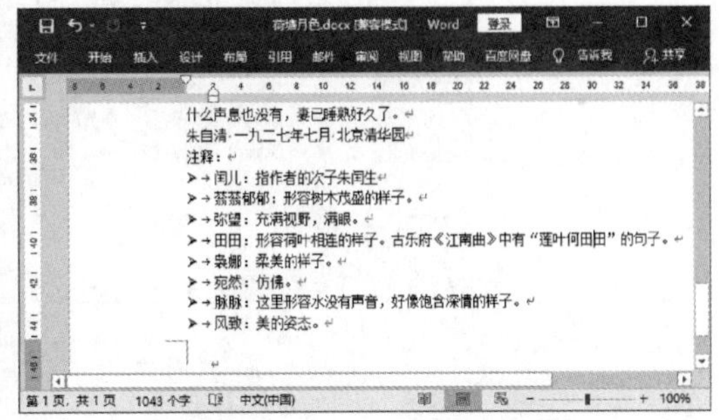

图 2-31　“项目符号”效果

② 编号：选择注释部分。单击“开始”选项卡→“段落”组→“多级列表”下拉按钮，在列表框中选择“定义新多级列表”，弹出“定义新多级列表”对话框，设置编号样式：“1，2，3，…”；编号格式“1.”；对齐方式“左对齐”；对齐位置 0.74 厘米；文本缩进 0 厘米，编号之后选择“制表符”；选中“制表位添加位置”，输入“1.48 厘米”，如图 2-32 所示。单击“确定”按钮，设置效果如图 2-33 所示。

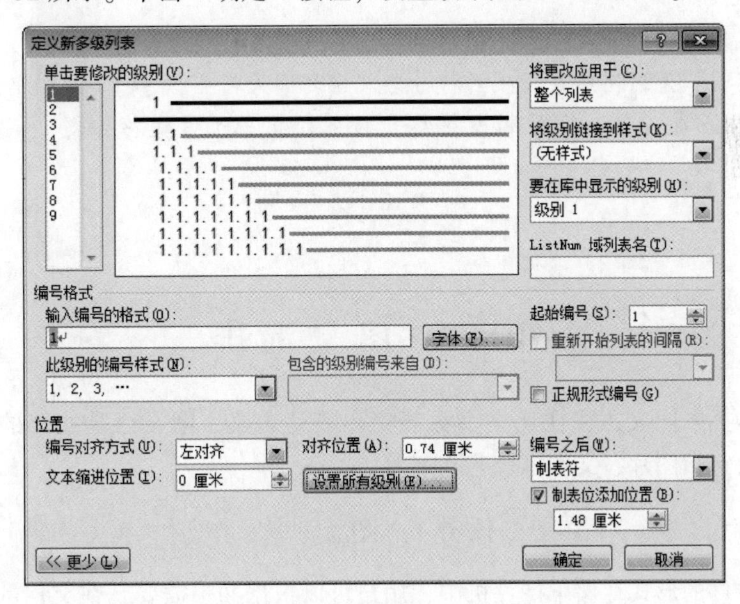

图 2-32　“编号”定义

提示：

(1) 设置多段项目符号和编号时，一般只设置第 1 段，其余段落采用格式刷。

(2) 所有项目符号和编号都是多级，只不过用户一般情况下使用是一级，修改项目符号和编号格式，只能采用“定义新多级列表”对话框。对话框中，各项含义如下：

① 对齐方式有左对齐、右对齐和居中，分别表示以“对齐位置”为基准，编号在

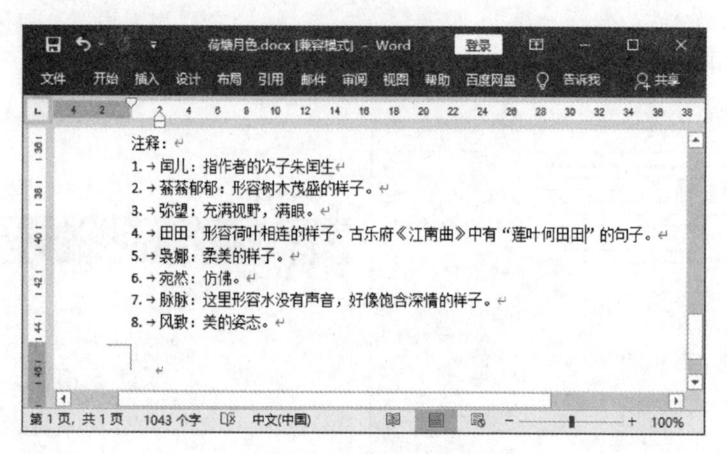

图2-33 "编号"效果

"对齐位置"右边为左对齐，左边为右对齐，中间为居中。

② 对齐位置：表示项目符号与左边界的距离。

③ 文本缩进位置：表示段落除首行外其余各行与左边界的距离。

④ 编号之后：编号之后可以添加制表符、空格、无特别标注，项目符号与之后的选项是一个整体。

制表符：在项目之后插入一个制表符（按"Tab"键，产生一个制表符，起分隔作用）。

空格：在项目符号之后插入一个空格。

无特别标注：无任何对象，项目符号与文字之间无任何符号，紧密相连。

⑤ 制表位添加位置：设置制表符终止位置，相当于设置符号与之后文字之间的间距。

项目三　图文混排

在文档中插入图文，往往比文字更能突出表达含义，图文已是文档的有效组成部分。图文主要包括图片、文本框、艺术字等。

任务1　图　　片

图片以文件的形式存储于计算机中，用户可以根据文档需要，在文档的适当位置插入图片。

实例2.15　打开"黄果树瀑布"，插入图片"黄果树"。图片格式：大小为高度4厘米，宽3厘米；环绕方式为四周型，仅在右侧。

操作步骤：

① 插入图片：定位图片任意位置，单击"插入"选项卡→"插图"组→"图片"，弹出"插入图片"对话框，选择"黄果树"图片，单击"插入"按钮。

② 调整图片大小：

方法 1：鼠标调整。选择图片，鼠标放在图片控点上（8 个圆圈点），待鼠标变为双向箭头时，按下鼠标左键拖动，即可调整图形大小。

方法 2：精确调整。选择图片，单击“图片工具/格式”上下文选项卡→“大小”组→“高级版式：大小”按钮，弹出“布局”对话框，定位“大小”选项卡，取消“锁定纵横比”复选框，在高度绝对值文本框中输入“4 厘米”，在宽度绝对值文本框中输入“3 厘米”，单击“确定”按钮，如图 2-34 所示。

布局
位置
文字环绕
大小
高度
绝对值(E)
4 厘米
相对值(L)
相对于(T)
页面
宽度
绝对值(B)
3 厘米
相对值(I)
相对于(E)
页面
旋转
旋转(T):
0°
缩放
高度(H):
34 %
宽度(W):
21 %
锁定纵横比(A)
相对原始图片大小(R)
原始尺寸
高度:
11.56 厘米
宽度:
14.31 厘米
重置(S)
确定
取消

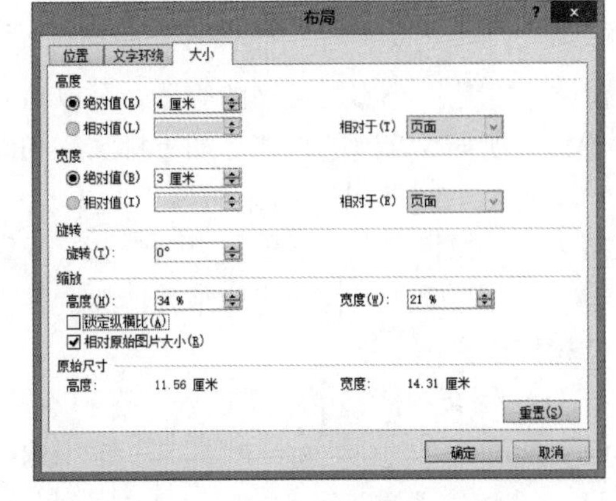

图 2-34　“设置图片格式”对话框

提示：

“锁定纵横比”，则图片的宽高比固定，改变宽度则高度会自动改变，同理，改变高度则宽度也会自动改变。如果想自由改变宽度和高度，则需取消选中该复选框。

布局
位置
文字环绕
大小
环绕方式
嵌入型(I)
四周型(Q)
紧密型(T)
穿越型(H)
上下型(O)
衬于文字下方(B)
浮于文字上方(F)
自动换行
两边(S)
只在左侧(L)
只在右侧(R)
只在最宽一侧(A)
距正文
上(P)
0 厘米
下(M)
0 厘米
左(E)
0.32 厘米
右(G)
0.32 厘米
确定
取消

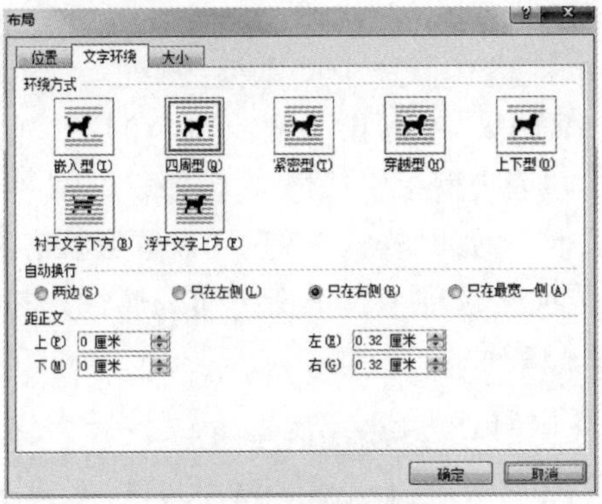

图 2-35　“版式”选项卡

③ 环绕方式：单击“图片工具/格式”选项卡→“排列”组→“环绕文字”下拉按钮，在列表框中，选择“其他布局选项”命令，弹出“布局”对话框，定位“文字环绕”选项卡，设置环绕方式为“四周型”，选择“自动换行”为“只在右侧”，单击“确定”按钮，如图 2-35 所示。图片效果如图 2-36 所示。

黄果树瀑布
著名的黄果树大瀑布，是贵州第一胜景，中国第一大瀑布，也是世界最阔大壮观的瀑布之一。景区内以黄果树大瀑布（高 77.8 米，宽 101.0 米）为中心。分布着雄、奇、险、秀等风格各异的大小 18 个瀑布，形成一个庞大的瀑布“家族”，被大世界吉尼斯总部评为世界上最大的瀑布群，列入吉尼斯世界记录。黄果树大瀑布是黄果树瀑布群中最为壮观的瀑布，是世界上唯一可以从上、下、前、后、左、右六个方位观赏的瀑布，也是世界上有水帘洞自然贯通且能从洞内外听、观、摸的瀑布。

图 2-36　图片效果图

提示：

环绕方式种类如下：

(1) 嵌入型　指图片与文本处于同一层，此时图片相当于一个特殊的字符，嵌入在两个文字之间。

(2) 浮动型　指图文与文本处于不同的层，包括“浮于文字上方”“四周型”“紧

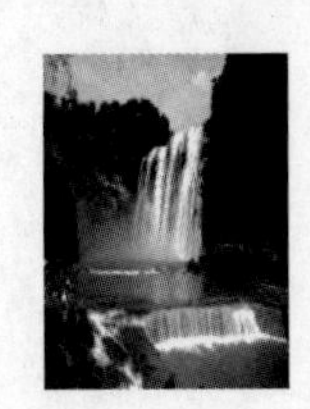

密型”“穿越型”“上下型”，相当于插图效果；还包括“衬于文字下方”，相当于背景效果。

任务2 文 本 框

文本框是一个盛放文字的容器，可以独立地进行文字输入和编辑，放置在文档任意位置，实现某些特殊的功能，如重排文字和向图形添加说明文字。

实例 2.16 打开“黄果树瀑布”文档，插入文本框，输入文字“黄果树大瀑布”，文字格式“黑体”“小五号”，形状格式“无轮廓”“根据文字调整形状大小”，放在图片下方，并与图片组合，拖放组合体放置在文档左侧。

操作步骤：

① 绘制文本框：单击“插入”选项卡→“文本”组→“文本框”下拉按钮，在列表框中选择“绘制文本框”命令，鼠标变为“十”字型，在文档中，拖动鼠标绘制文本框。

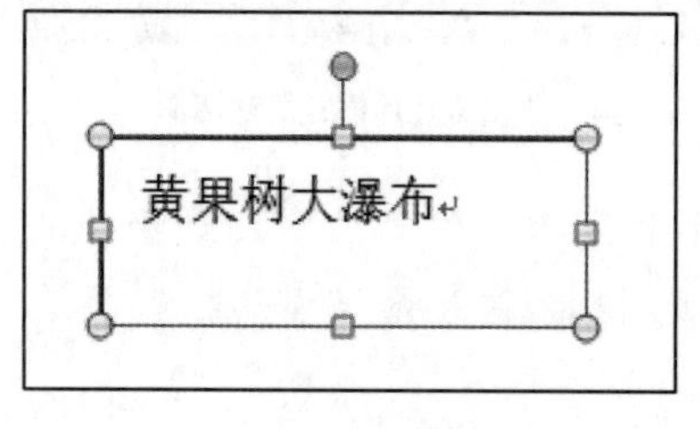

图 2-37 文本框内容

② 字符格式：在文本框中输入“黄果树大瀑布”，设置字体为“宋体”，字号为“小五号”，如图 2-37 所示。

③ 文本框格式：选中文本框，单击“绘图工具/格式”选项卡→“形状样式”组→“形状轮廓”下拉按钮，在列表框中，选择“无轮廓”。

④ 调整大小：单击“绘图工具/格式”选项卡→“形状样式”组→“设置形状格式”，弹出设置“设置形状格式”窗格，选择“形状选项”选项卡，单击“布局属性”按钮，选中“形状中的文字自动换行”复选框，如图 2-38 所示。

⑤ 组合：拖动文本框到图片下面，调整好位置，按“Ctrl”键，选择图片和文本框，如图 2-39 所示，单击“图片工具/格式”选项卡→“排列”组→“组合”下拉按钮，在列表框中选择“组合”。

⑥ 调整位置：拖放组合体放置在文档左侧，效果如图 2-40 所示。

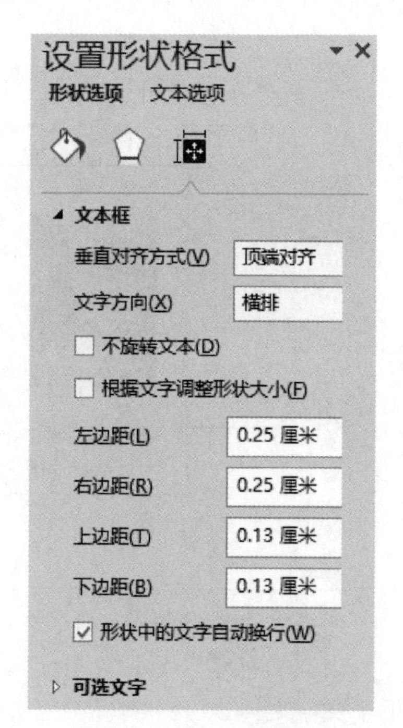

图 2-38 设置形状格式

任务3 艺 术 字

艺术字就是带有特殊效果的文本框，用来显示文字的艺术效果。

实例 2.17 打开“黄果树瀑布”文档中，设置标题“黄果树瀑布”为“艺术字”，格式如下：采用艺术字样式列表 1 行 2 列（填充：蓝色，主题色 1；阴影）；字体“隶书”，字号“36”；环绕文字“嵌入型”；文本效果“正 V 形”。

操作步骤：

① 选择标题“黄果树瀑布”，单击“插入”选项

图 2-39　组合对象

图 2-40　组合效果图

卡→"文本"组→"艺术字"下拉按钮，选择艺术字列表 2 行 1 列样式，设置字体"隶书"，字号"36"，如图 2-41 所示。

② 环绕文字：选择"艺术字"，单击"绘图工具/格式"上下文选项卡→"排列"组→"自动换行"下拉按钮，在列表框中，选择"嵌入型"，如图 2-42 所示。

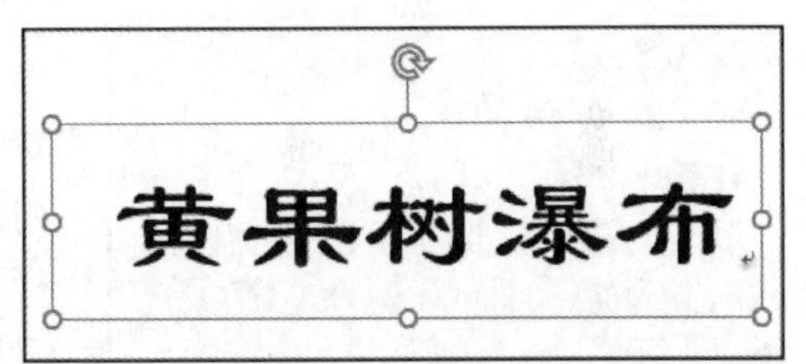

图 2-41　艺术字效果

③ 文本效果：选择"艺术字"，单击"绘图工具/格式"文选项卡→"艺术字样式"→"文本效果"下拉按钮，选择"转换"，在列表框中，选择弯曲类型"正 V 形"，如图 2-43 所示。效果如图 2-44 所示。

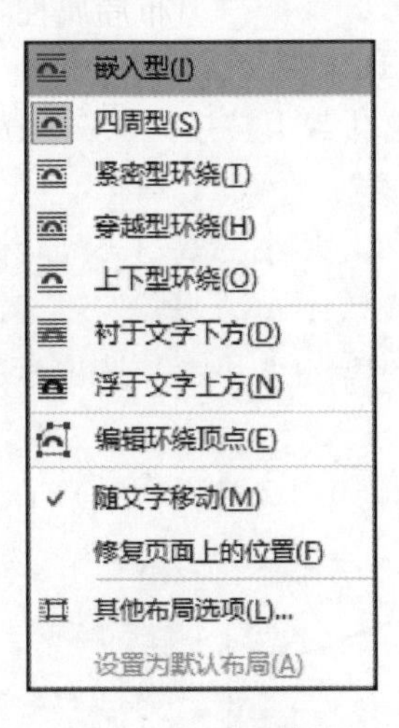

图 2-42　布局选项

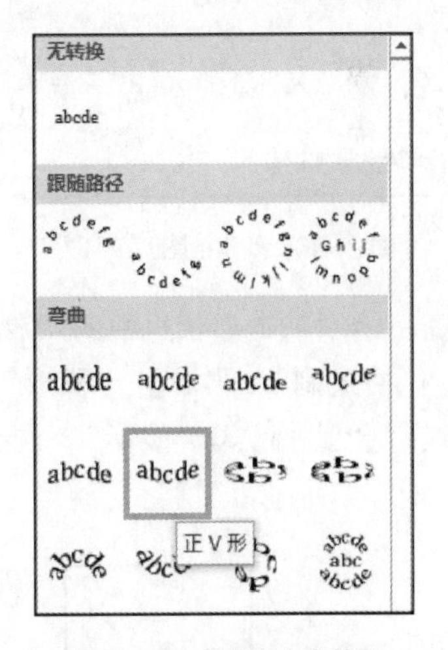

图 2-43　艺术字文字效果

图 2-44　"艺术字"效果

任务 4　自 选 图 形

实例 2.18　打开"黄果树瀑布"文档，绘制旅游线路图，如图 2-45 所示，三个基本图形分别为"矩形""梯形""波形"，用两条箭头连接。

格式设置：三个图形大小相同，高 1.5 厘米，宽 3 厘米；边框线型为 1 磅单实线；图形中添加文字，字体为“宋体”，字号为“5”，对齐方式为“居中对齐”。适当调整画布大小，设置画布环绕方式为“嵌入型”，段落“居中”。

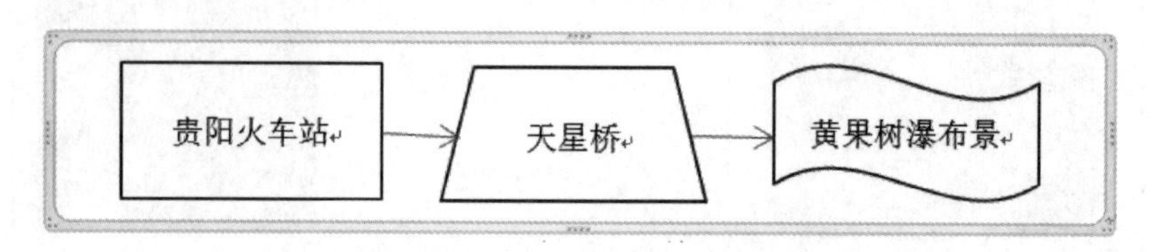

图 2-45 自选图形效果图

操作步骤：

① 新建绘图画布：光标定位文本最后，单击“插入”选项卡→“插图”组→“形状”下拉按钮，在列表框中，选择“新建绘图画布”，如图 2-46 所示。

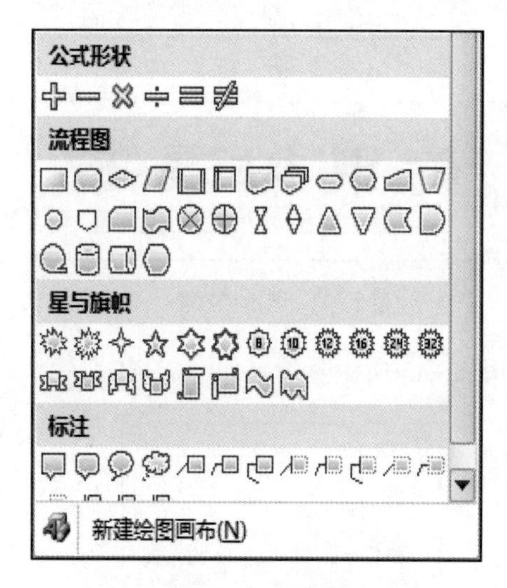

图 2-46 新建绘图画布

② 绘制图形：选择画布，适当齐整画布大小，单击“绘图工具/格式”选择卡→“插入形状”组→图形列表框右下角“其他”按钮，在列表框中选择“矩形”组中的“矩形”，鼠标变为“十”字型，在画布上拖动鼠标左键绘制矩形。

单击“绘图工具/格式”选择卡→“形状样式”组→“形状填充”下拉按钮，在列表框中选中“无填充颜色”。

单击“绘图工具/格式”选择卡→“形状样式”组→“形状轮廓”下拉按钮，在列表框中选中“粗细”→“1 磅”。

设置“矩形”大小，高 1.5 厘米，宽 3 厘米。

同理，绘制基本形状组中的“梯形”，选择“矩形”，单击“开始”选项卡→“剪贴板”组→“格式刷”，再单击“梯形”。

同理，绘制并格式“波形”，调整图形适当位置，效果如图 2-47 所示。

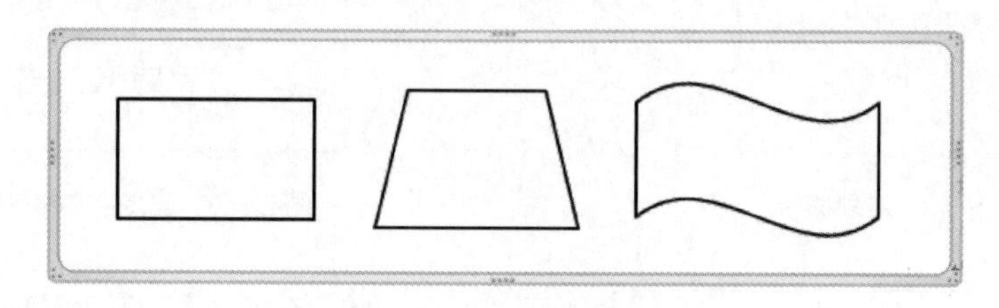

图 2-47 绘制格式图形

③ 绘制箭头：在“插入形状”组的图形列表框中，选择“线条”组中的“箭头”，当鼠标移至图形时，图形四边出现四个暗红色捕捉点，鼠标移至图形右边捕捉中点，按下鼠标左键，拖动鼠标至另一图形左边捕捉中点，并松开鼠标，完成箭头的绘制，如图 2-48 所示。

④ 添加文字：选择图片，右击，在快捷菜单中，执行“编辑文字”，这时图片中出现光标插入点，输入文字，并格式文本。

设置对齐方式，单击“绘图工具/格式”→“文本”→“对齐方式”下拉按钮，在列表框中，选择“居中对齐”。效果图如图 2-49 所示。

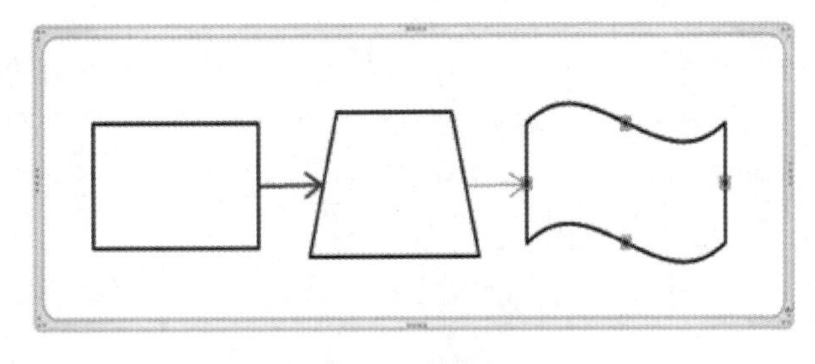

图 2-48 画连接线

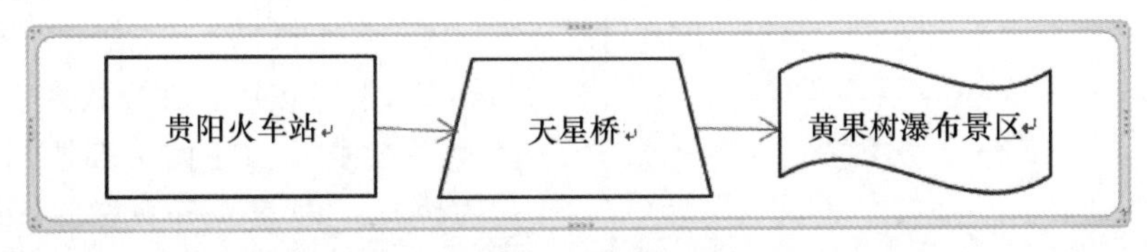

图 2-49 添加文字

⑤ 设置画布：调整画布适当大小，设置画布环绕方式为“嵌入型”，段落为“居中”；完成效果如图 2-50 所示。

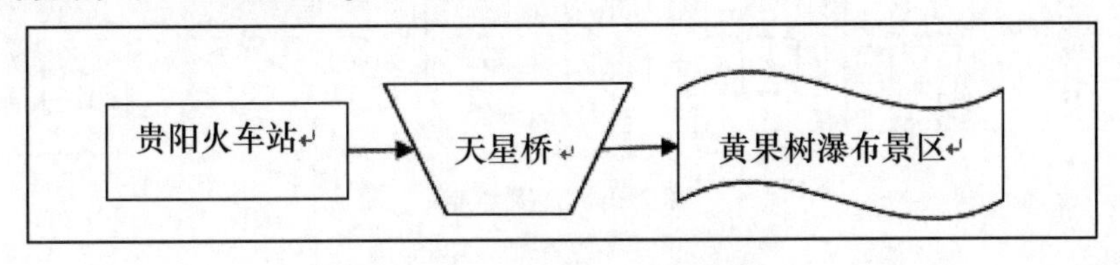

图 2-50 插入自选图形的效果图

任务 5 公 式

在 Word 文档中，可以应用 Word 2016 提供的公式工具，插入数学、物理等各种复杂公式。

实例 2.19 打开“公式”文档，插入余切半角公式

操作步骤：

在此处键入公式。

图 2-51 插入公式编辑框

① 插入公式编辑框：光标定位输入公式行，单击“插入”选项卡→“符号”组→“公式”下拉按钮，在内置公式列表框中，选择“插入新公式”。在光标定位处，添加“在此处键入公式”编辑框，如图 2-51 所示。

② 插入函数：光标定位公式编辑框，单击“公式工具/设计”选项卡→“结构”组→“函数”下拉按钮，在列表框中，选择三角函数组中的“余切函数”，插入余切函数，如图 2-52 所示。

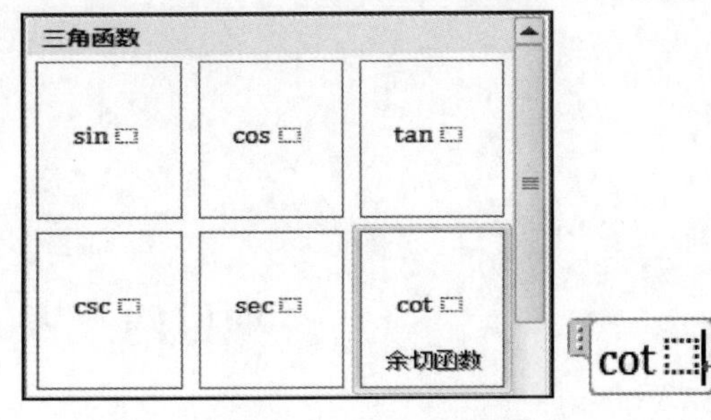

图 2-52 插入函数模板

③ 插入分数样式：单击“结构”组→“分数”下拉按钮，在“分数”列

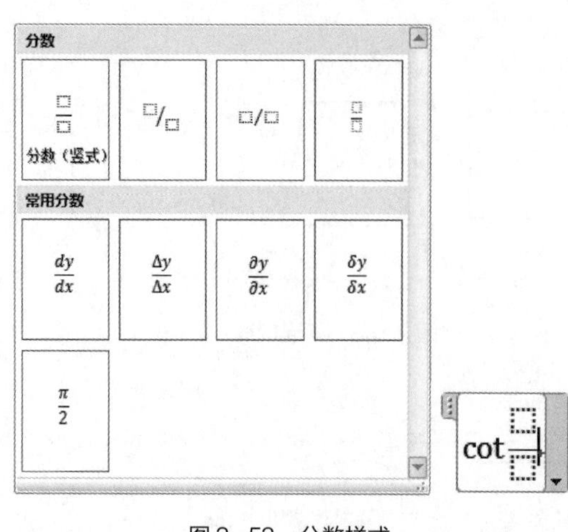

图 2-53　分数样式

表框中，选择“分数（竖式）”样式，如图 2-53 所示。

④ 选择分子编辑框，单击“符号”组中的“其他”下拉按钮，在“基础数字”列表框中，选择“α”字符；选择分母，直接输入“2”，如图 2-54 所示。

⑤ 输入“=”号（等号前后可以各加一个空格），在“基础数字”列表框中，选择“±”符号。

⑥ 插入根式：单击“结构”组→“根式”下拉按钮，在根式列表框中，选择“平方根”，如图 2-55 所示。选择根式占位符，再插入分数样式，输入分子“1+cosα”，分母“1-cosα”，公式效果如图 2-56 所示。

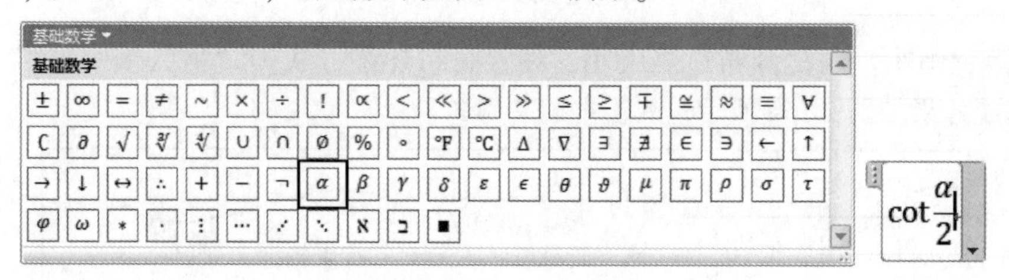

图 2-54　基础数字

提示：

公式输入后，公式是一个整体，默认格式为“嵌入型”。

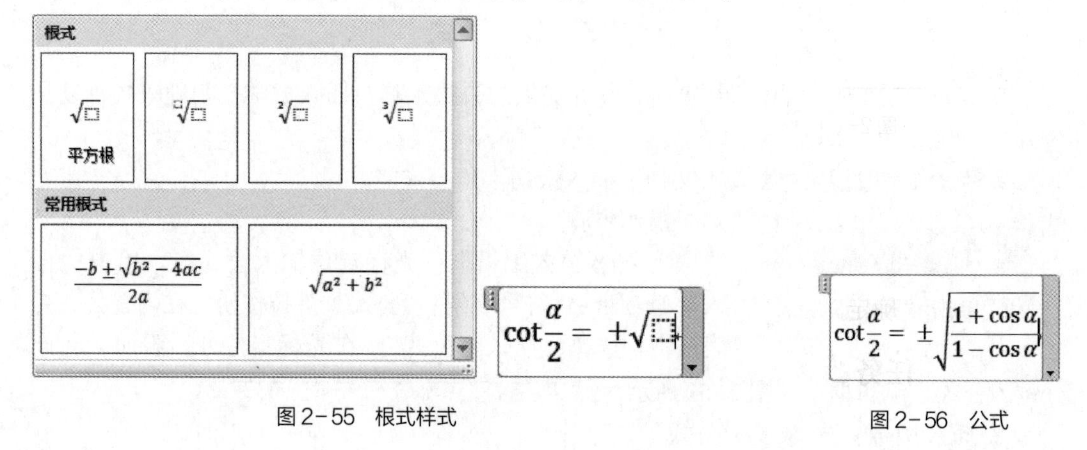

图 2-55　根式样式　　图 2-56　公式

项目四　表　　格

表格由行和列所组成，行列的交叉称为“单元格”，单元格中可以输入文字、数字、插入图形、插入公式等。

本项目绘制表格如图 2-57 所示。

任务1 绘制表格

绘制表格的方法包括自动创建表格和插入表格。

实例 2.20 打开“个人简历”文档，绘制个人简历表。

操作步骤：

方法 1：自动绘制表格。光标定位，单击“插入”选项卡→“表格”组→“表格”下拉按钮，在列表框中，拖曳至指定的行和列，如图 2-58 所示，在文档中光标处，插入指定行和列的表格。

姓 名		性 别		照片
出生日期		民 族		
毕业院校		学 历		
专 业		职 称		
电 话		电子邮件		
地 址				
应聘职位				
教育	时 间	学 院		专 业
工作经历	时 间	工 作 单 位		职 务
证 书				
兴趣爱好				

图 2-57 表格示例文档

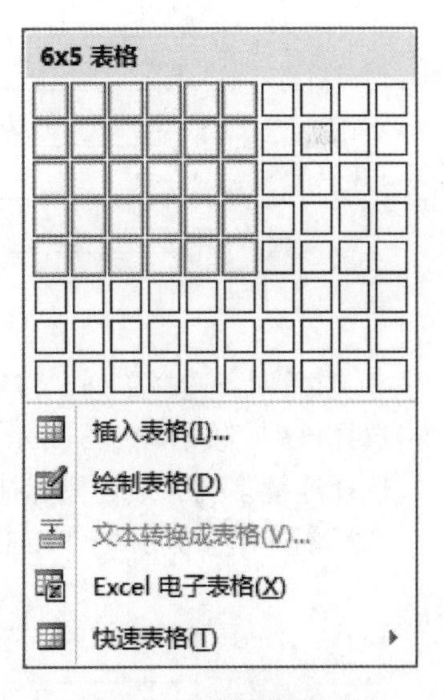

图 2-58 绘制表格方式

方法 2：插入表格。单击“插入”选项卡→“表格”组→“表格”下拉按钮，在列表框中，选择“插入表格”，弹出“插入表格”对话框，输入“列数”和“行数”，如图 2-59 所示。单击“确定”按钮，插入表格。

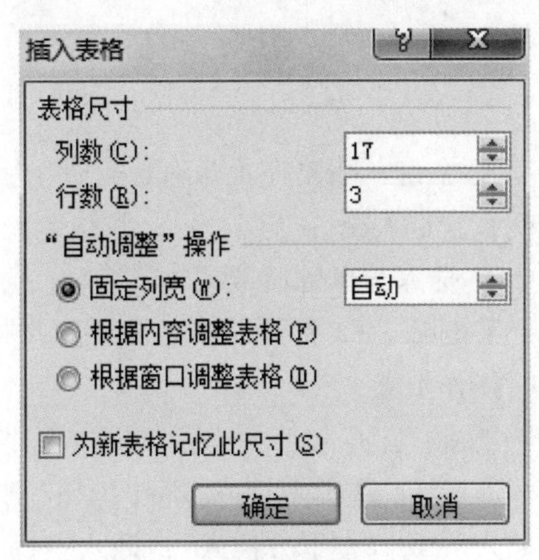

图 2-59 “插入表格”对话框

任务2 编辑表格

1. 选择对象

实例 2.21 打开“个人简历”文档，练习选择对象。

操作步骤：

① 选择单元格和区域：把鼠标指针移到要选择的单元格左边，当指针变为“↗”形状时，单击，选择所指的单元格，如图 2-60 所示；如

果按住鼠标左键拖动选择连续的矩形区域，如图 2-61 所示。

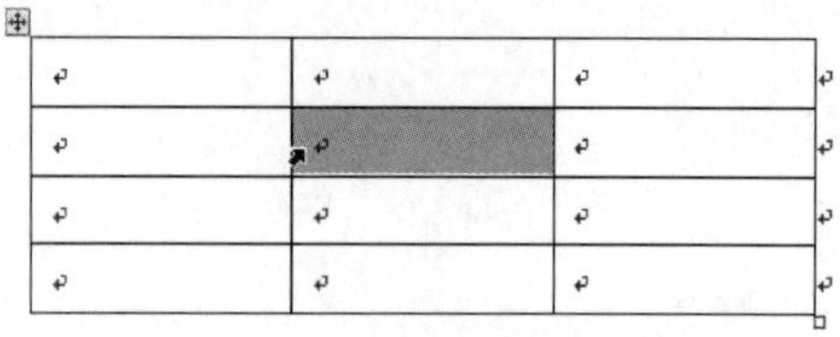

图 2-60 选择单元格

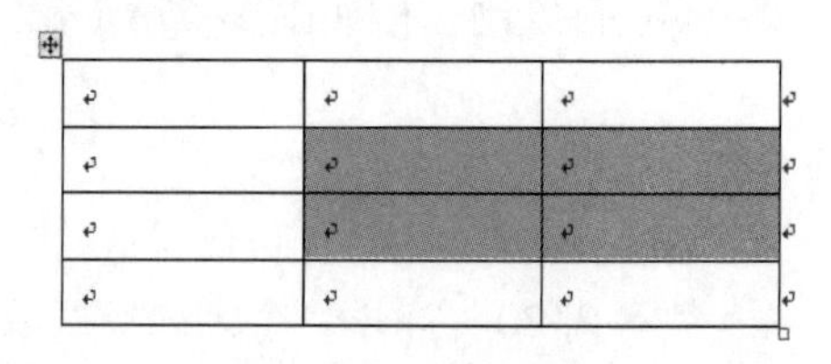

图 2-61 选择单元区域

② 选择行：选择单行，将鼠标移至表格某行左侧外，鼠标指针变为反向箭头，单击选择该行，如图 2-62 所示。

选择连续单行，按住鼠标拖动选择连续多行。

选择不连续单行，按“Ctrl”键单击可选择不连续多行。

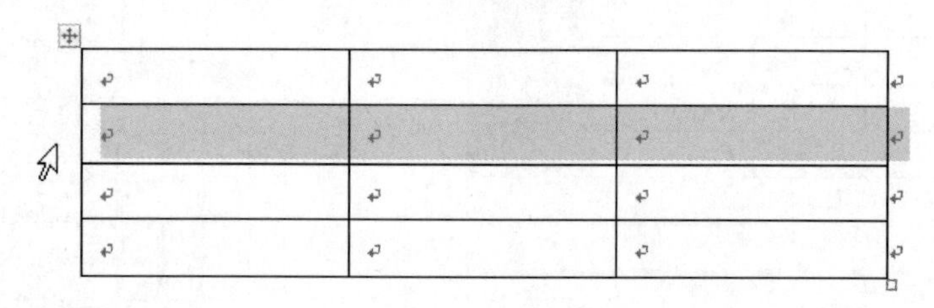

图 2-62 选择行

③ 选择列：选择单列，将鼠标移到某列上方，鼠标指针变为一个向下的实心箭头，单击选择该列，如图 2-63 所示。

选择连续多列，按住鼠标拖动选择连续多列。

选择不连续多列，按“Ctrl”键单击可选择不连续多列。

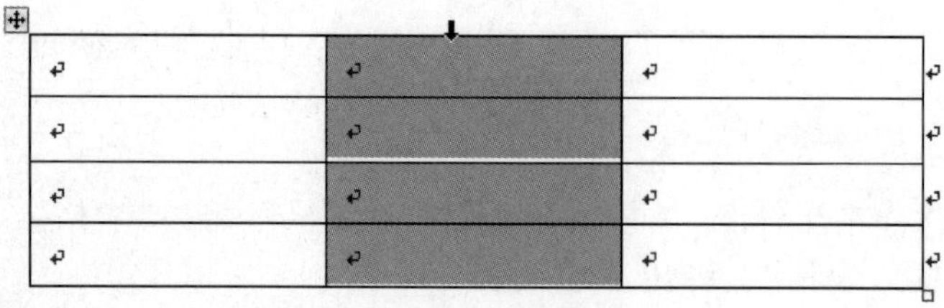

图 2-63 选择列

④ 全选：表格左上角有一个带十字形箭头的矩形框，称为“移动句柄”。单击移动句柄，全选表格。

2. 插入与删除行或列

实例 2. 22 打开“个人简历”文档，练习插入行列、删除行列。

操作步骤：

① 插入行：

方法 1：选择一行或多行，单击“表格工具/布局”选项卡→“行和列”组→“在上方插入”或“在下方插入”，插入一行或多行。

方法 2：光标定位于某行的行结束符处，按回车键，在该行下面插入一空行。

② 插入列：选择一列或多列，“表格工具/布局”选项卡→“行和列”组→“在左侧插入”或“在右侧插入”，插入一列或多列。

③ 删除行或列：选择一行或多行，单击“表格工具/设计”选项卡→“行和列”组→“删除”下拉按钮，在列表框中选择“删除行”，删除一行或多行。

同理，删除选择的列。

3. 合并或拆分单元格

实例 2.23　打开“个人简历”文档，练习合并与拆分单元格、拆分表格。

操作步骤：

① 合并单元格：选择单元区域，单击“表格工具/布局”选项卡→“合并”组→“合并单元格”，如图 2-64 所示。

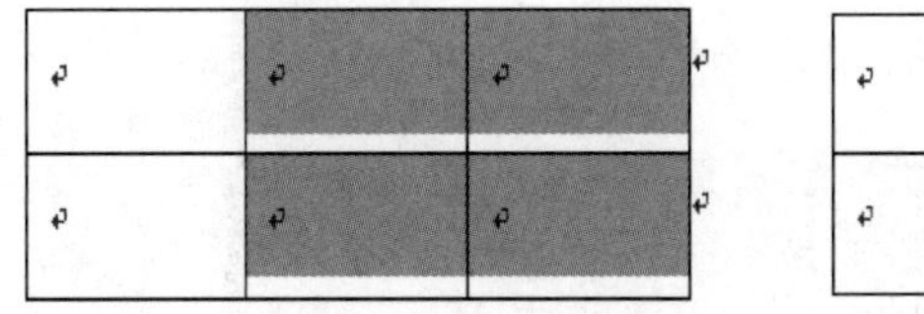

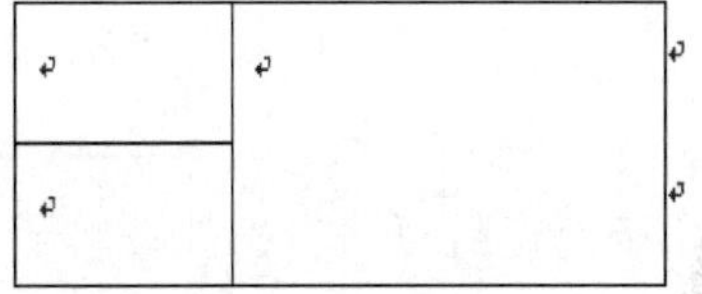

图 2-64　合并单元格前后情形

② 拆分单元格：选择拆分单元区域，单击“表格工具/布局”选项卡→“合并”组→“拆分单元格”，弹出“拆分单元格”对话框，输入列数和行数，并选择“拆分前合并单元格”复选框，如图 2-65 所示。例选择 4 行 2 列，拆分为 2 行 3 列，效果如图 2-66 所示。

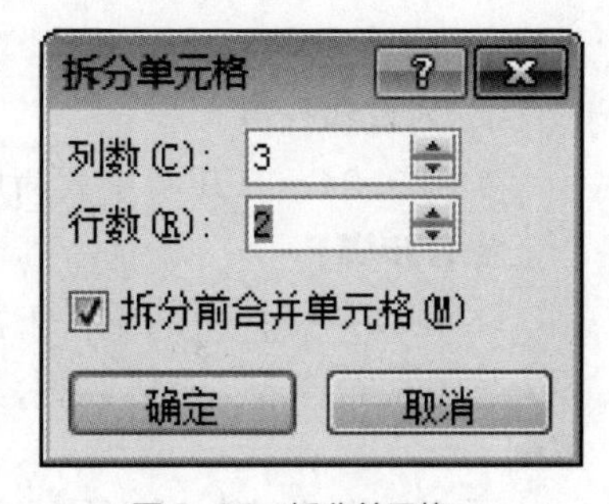

图 2-65　拆分单元格

③ 拆分表格：拆分表格就是以选定行为分界线，把一张表格分成两张独立的表格。选择作为拆分基准的行（或光标定位点基准行的任一单元格），如图 2-67 所示，

图 2-66　拆分表格前后情形

地址			
应聘职位			
教育	时间	学院	专业

图 2-67　拆分前的表格

单击“表格工具/布局”→“合并”组→“拆分表格”，以选择行上部为基准，拆分为两个表格，如图 2-68 所示。

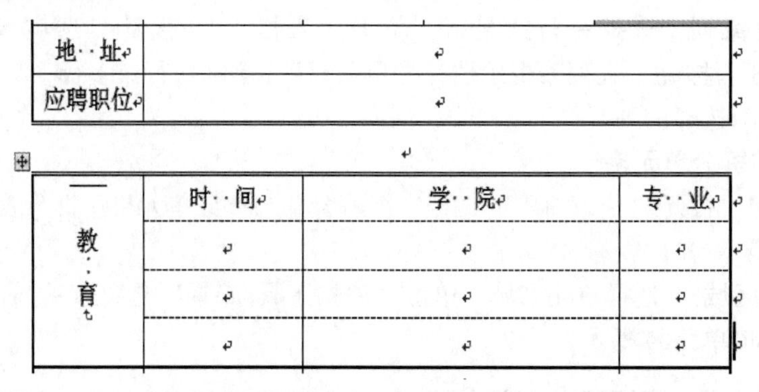

地··址			
应聘职位			

教··育	时··间	学··院	专··业

图 2-68　拆分后的表格

提示：

当表格处于页面的顶端，选择表格的第一行，执行“拆分表格”命令，相当于在表格前面插入了一空行，可输入表格的标题。

任务 3　表格格式

1. 列宽和行高

实例 2. 24　打开“个人简历”文档，练习设置表格的列宽和行高。

操作步骤：

① 拖动调整：当鼠标放在表格行线上时，鼠标变为垂直双箭头，按住鼠标左键，垂直方向拖动，如图 2-69 所示，在拖动时，如果按住“Alt”键，垂直标尺上显示行高数据。

同理，拖动列线，调整列的宽度。

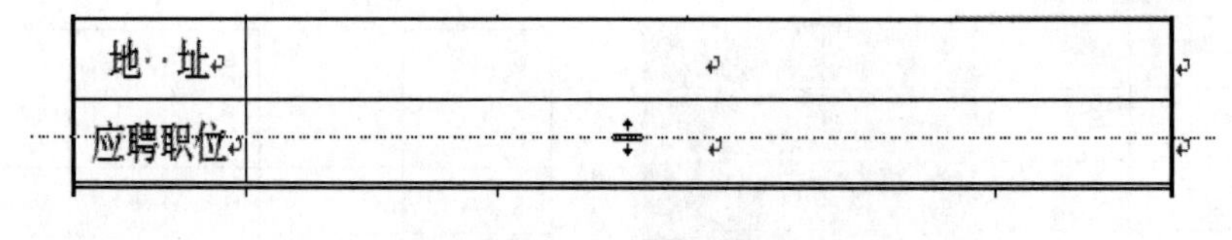

地··址	
应聘职位	

图 2-69　调整行高

② 精确调整：选择单元格区域，在“表格工具/布局”→“单元格大小”组→“高度”组合框中，调整或输入高度值；同理，在“宽度”组合框中，调整或输入宽度值。

③ 平均分布行和列：选择单元区域，单击“表格工具/布局”→“单元格大小”组→“分布行”或“分布列”。或者选择快捷菜单“平均分布各行”或“平均分布各列”。

④ 缩放表格：拖动表格右下角的矩形框，即可放大或缩小整个表格。

2. 文字方向

实例 2. 25　打开“个人简历”文档，更改文字方向。

操作步骤：

选择单元区域，单击“表格工具/布局”→“对齐方式”组→“文字方向”，或者选择快捷菜单“文字方向”，文字由水平转换为垂直，或由垂直转换为水平。

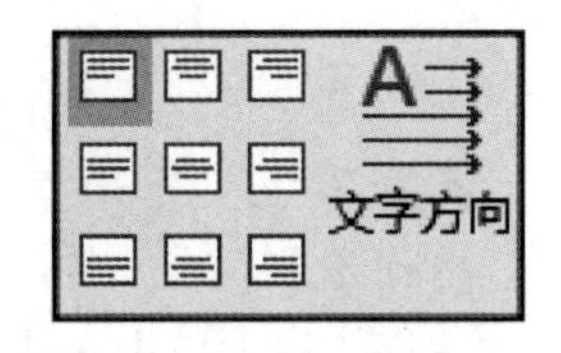

图 2-70 对齐方式

3. 对齐方式

实例 2.26 打开“个人简历”文档，设置单元格对齐方式。

操作步骤：

对齐方式包括水平对齐（两端对齐、居中对齐、右对齐）和垂直对齐（靠上对齐、中部对齐、靠下对齐）的组合，共九种情形。

选择单元区域，单击“表格工具/布局”→“对齐方式”组→九种对齐方式之一。或选择快捷菜单“单元格对齐方式”→九种对齐方式之一，如图 2-70 所示。

任务 4 边框和底纹

实例 2.27 打开“个人简历”文档，外边框为“粗实线 1.5 磅”，内容分隔行为“双实线 0.75 磅”；照片单元格填充“白色，背景 1，深色 15%”。

操作步骤：

① 设置粗实线，选择整个表格，单击“表格工具/设计”选项卡→“边框”组→“边框”下拉按钮，在列表框框中，选择“边框和底纹”，弹出“边框和底纹”对话框，在设置中，选择“自定义”；样式区“单实线”，颜色“自动”，宽度“1.5 磅”，在预览框中，单击四边，如图 2-71 所示。单击“确定”按钮。

② 同理，选择单元格区域，设置双实线。

③ 填充底纹，选择单元区域，单击“表格工具/设计”选项卡→“表格样式”组→“底纹”下拉按钮，在列表框中，选择“白色，背景 1，深色 15%”，如图 2-72 所示。或者通过“边框和底纹”对话框中“底纹”选项卡设置。

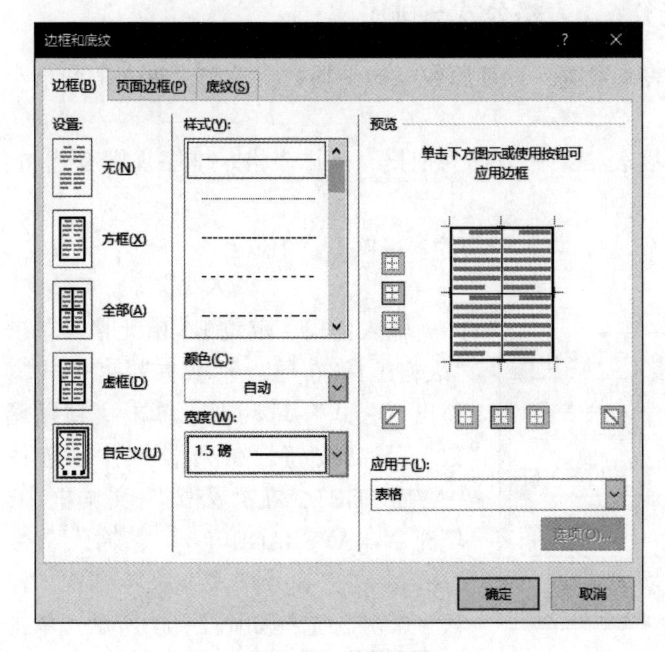

图 2-71 边框设置

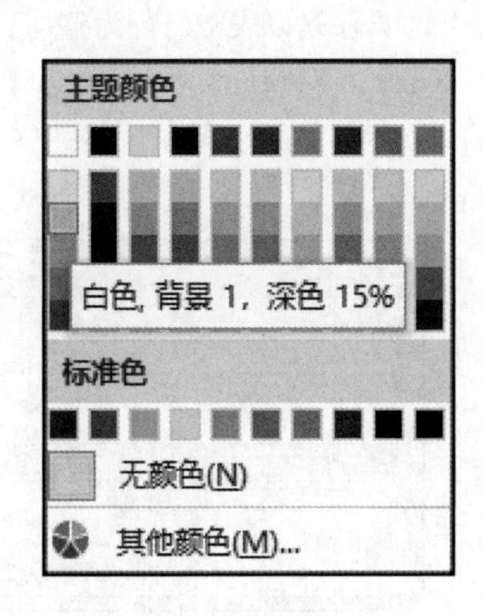

图 2-72 “底纹”选项卡

任务5 表格属性

实例2.28 打开“个人简历”文档，设置对齐方式为“居中”，文字环绕为“无”。

操作步骤：

选择表格，单击“表格工具/布局”→“表”组→“属性”，弹出“表格属性”对话框，选择“表格”选项卡，选择对齐方式为“居中”，文字环绕为“无”，如图2-73所示。

图2-73 “表格属性”选项卡

任务6 表格公式与排序

借助表格公式，可以通过原表格数据，计算原数据的平均数、求和、最大值和最小值等。

排序是以表格的行为整体，以表格某列数据为依据，重排表格。排序规则有笔画、数字、日期和拼音等。

实例2.29 打开“成绩表”文档，计算平均分，保留1位小数。

操作步骤：

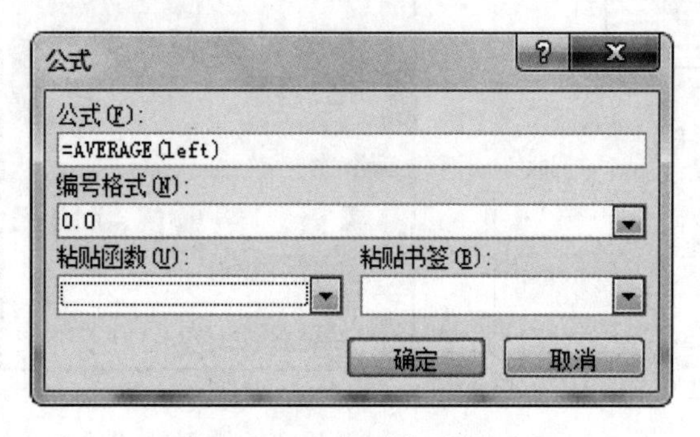

图2-74 “公式”对话框

输入公式。定位E2单元格，单击“表格工具/布局”→“数据”→“公式”，弹出“公式”对话框，单击“粘贴函数”下拉按钮，在列表框中，选择“AVERAGE”，在“公式”文本框中，填充“=AVERAGE（）”，输入参数“left”，在“编号格式”文本框中，输入“0.0”，选择如图2-74所示。单击“确定”按钮。

选择 E2 单元，复制公式，选择 E3：E5，粘贴公式，右击，在快捷菜单中，选择“更新域”，数据更新，效果如表 2-4 所示。

表 2-4 表格公式计算平均分

姓名	英语	数学	语文	平均分
李兰	86	85	74	81.7
蒋宏	76	70	83	76.3
张文峰	58	84	71	71.0
黄霞	86	83	74	81.0

提示：

（1）表格单元格地址编号规律 行号用数字 1、2、3、……表示，列号用英文字符 A、B、C、……表示，单元地址用列号加行号表示，如 E2 表示第 2 行第 5 列。

（2）常用函数及参数、格式的含义，见表 2-5。

表 2-5 函数的含义

类型	名 称	含 义
常用函数	SUM	参数的总和
	AVERAGE	参数的平均值
	COUNT	参数的个数
	MAX	参数的最大值
	MIN	参数的最小值
参数	ABOVE	公式上面连续的单元格
	LEFT	公式左边连续的单元格
	示例 A2	指定 2 行 1 列单元格
	示例 B2：D2	指定 2 行 2 列至 2 行 4 列单元区域
编号格式	#	1 个#表示 1 个占位符，对应位置没有数字时，显示空格
	0	1 个 0 表示 1 个占位符，对应位置没有数字时，显示 0
	.	小数点符号
	其他符号	原样显示

（3）编号格式“0.0”含义 当数字的纯小数时，小数点前显示 0，小数点后保留 1 位小数，不够 1 位时，显示 0。

实例 2.30 打开“成绩表”文档，按平均分降序排列。

操作步骤：

选择全表，单击“表格工具/布局”→“数据”组→“排序”，弹出“排序”对话框。在“主要关键字”列表框中，选择“平均分”，在“类型”列表框中，选择“数字”，选中“降序”；在“列表”区域中，选中“有标题行”，单击“确定”按钮，如图 2-75 所示。

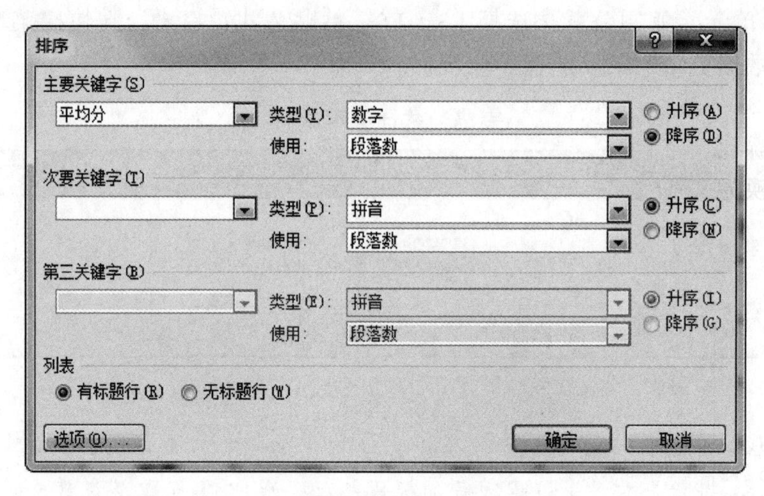

图 2-75 “排序”对话框

结果如表 2-6 所示。

表 2-6 表格公式计算按平均分降序排列

姓名	英语	数学	语文	平均分
李兰	86	85	74	81.7
黄霞	86	83	74	81.0
蒋宏	76	70	83	76.3
张文峰	58	84	71	71.0

任务 7 表格与文本互换

实例 2. 31 打开“学生成绩”文档，文本转换为表格。

操作步骤：

文本转换成表格。选择转换文本，单击“插入”选项卡→“表格”组→“文本转换

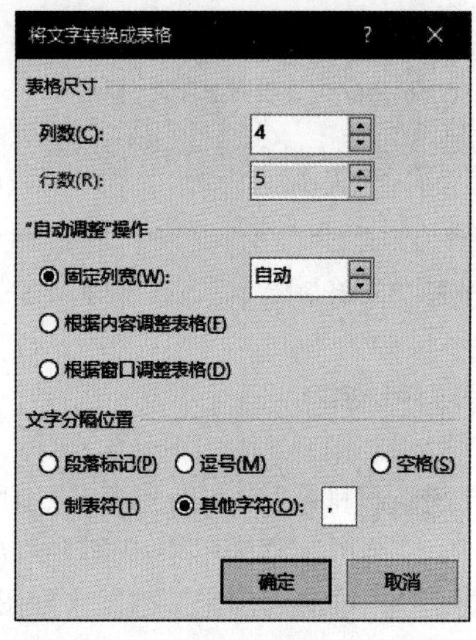

图 2-76 “将文字转换成表格”对话框

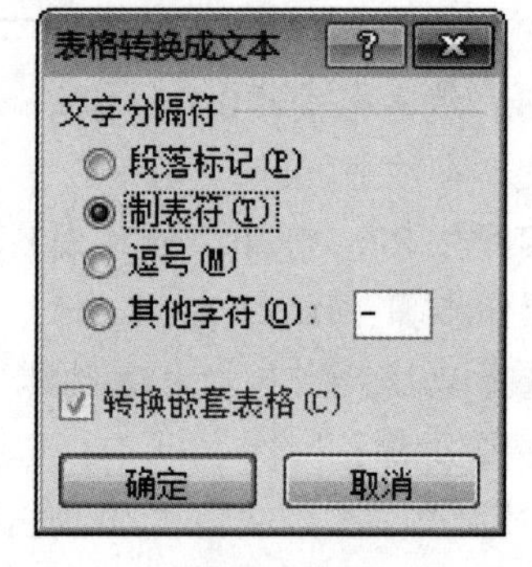

图 2-77 “表格转换成文本”对话框

成表格”，弹出“将文字转换成表格”对话框，自动获取列数和行数，选择文字分隔位置为“其他字符”，并输入中文逗号如图 2-76 所示，单击“确定”。

实例 2.32　打开“学生成绩”文档，表格转换为文本，文本之间加制表符。

操作步骤：

表格转换为文本。全选表格，单击“表格工具/布局”选项卡→“数据”组→“转换为文本”，弹出“表格转换成文本”对话框。选中“文字分隔符”为“制表符”，如图 2-77 所示，单击“确定”按钮，转换效果如图 2-78 所示。

成绩表↵

姓名	→	**英语**	→	**数学**	→	**语文**↵
李兰	→	86	→	85	→	74↵
蒋宏	→	76	→	70	→	83↵
张文峰	→	58	→	84	→	71↵
黄霞	→	86	→	83	→	74↵

图 2-78　表格转换为文字效果

项目五　Word 2016 高级操作

Word 2016 高级操作包括邮件合并、样式、页面布局和目录等内容。

任务 1　邮 件 合 并

邮件合并是将两个独立的文档合并成为一个新的文档的操作，其中一个文档称为“主文档”，另一个称为“数据源文档”。

邮件合并主要用于解决批量分发文件或邮寄相似内容信件的大量重复性工作，如应用在录取通知书，成绩通知书，招聘面试通知等，合并后生成的文档由多页组成，每一页的大部分文字是相同的，仅部分设置的文字不同，如招聘通知的姓名，面试时间，面试地点等项目因人而异，通知中的其他文字，图片等格式完全相同。其中每页中相同的部分构成主文档；在主文档中，除了相同的部分以外，还有一部分是变化的，在创建主文档时，不变的部分用户直接输入，可变的部分，则来源于“数据源”。

合并文档中，变化的部分构成数据源，在数据文档中，只允许包括一个表格，表格的每一行为一条完整的信息，主文档可以引用数据源的全部或部分数据。

邮件合并实质上就是将数据源文档中的数据插入到主文档中。

实例 2.33　邮件合并。根据主文档与数据源文档，合并生成新文档。

主文档“面试通知单”，内容如图 2-79 所示。

数据源文档“面试通知表”，内容如图 2-80 所示。

操作步骤：

① 选择文档类型：打开主文档，关闭数据源文件，单击“邮件”选项卡→“开始邮件合并”组→“开始邮件合并”下拉按钮，在列表框中选择“信函”，启动“信函”类

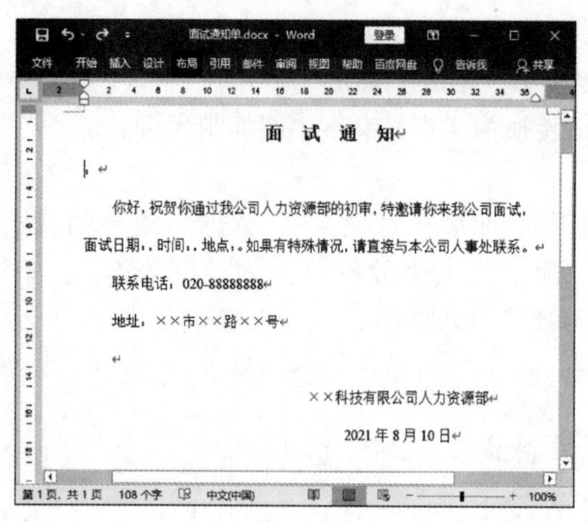

图 2-79 主文档

姓名	日期	时间	地点
李兰	2021-8-15	8:30	行政楼 110 室
李山	2021-8-15	14:00	行政楼 110 室
蒋宏	2021-8-16	8:30	行政楼 111 室
张文峰	2021-8--16	14:00	行政楼 111 室

图 2-80 数据源文档

型邮件合并。

② 选择数据源：单击“开始邮件合并”组→“选择收件人”下拉按钮，在列表框中选择“使用现有列表”，弹出“选择数据源”对话框，定位位置，选择“数据源 . docx”文档。

③ 插入合并域：光标定位于第 2 行冒号“：”前，单击“编写和插入域”组→“插入合并域”下拉按钮，在列表框中，选择“姓名”，同理，插入“日期”“时间”“地点”域。如图 2-81 所示。

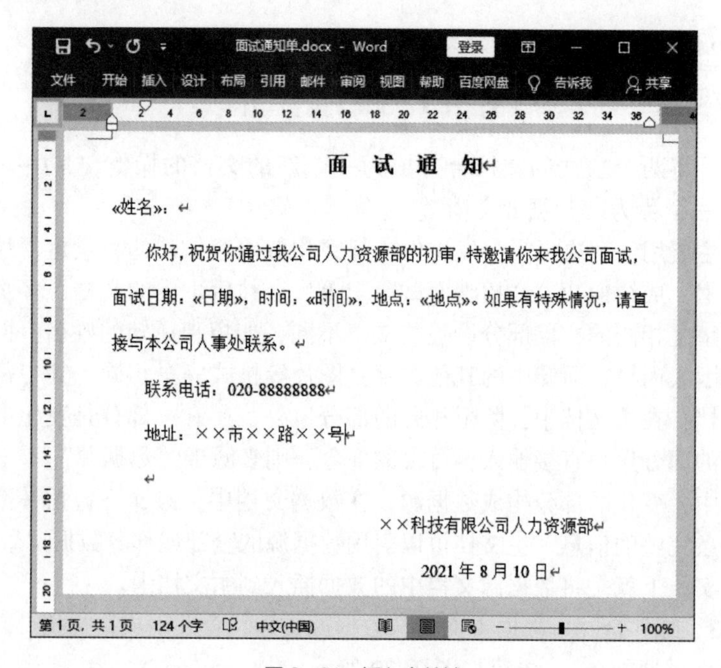

图 2-81 插入合并域

④ 预览结果：单击“邮件”选项卡→“预览结果”组→“预览结果”，效果如图 2-82 所示。

⑤ 生成文档：单击“邮件”选项卡→“完成”组→“完成并合并”下拉按钮，在列表框中，选择“编辑单个文档”，弹出“合并到新文档”对话框，选择合并记录“全

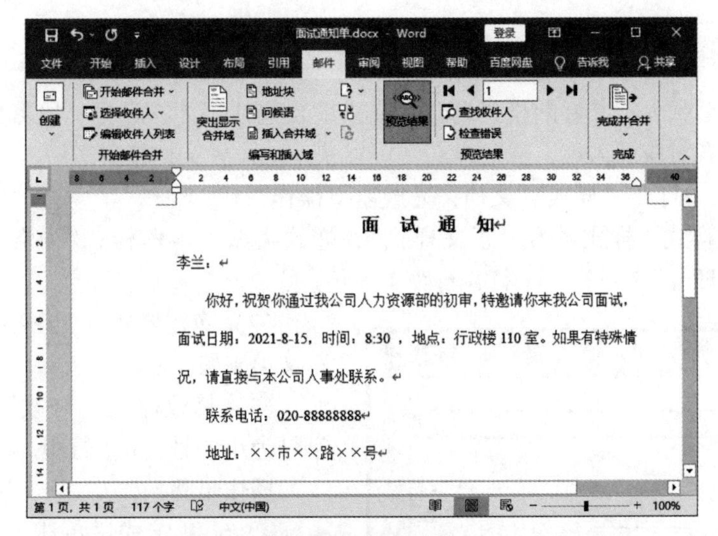

图 2-82　邮件预览

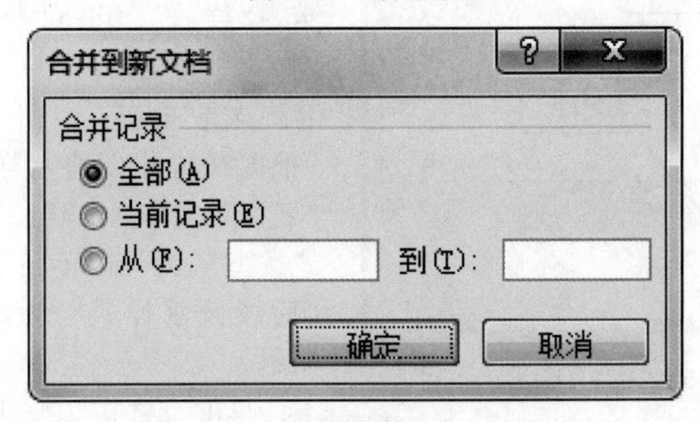

图 2-83　“合并到新文档”对话框

部”，如图 2-83 所示，单击“确定”按钮，生成“信函 1. docx”文档。

⑥ 保存文档：“信函 1. docx”每个页面对应数据源一条记录，以“阅读版式视图”显示，如图 2-84 所示，保存文档，完成邮件合并。

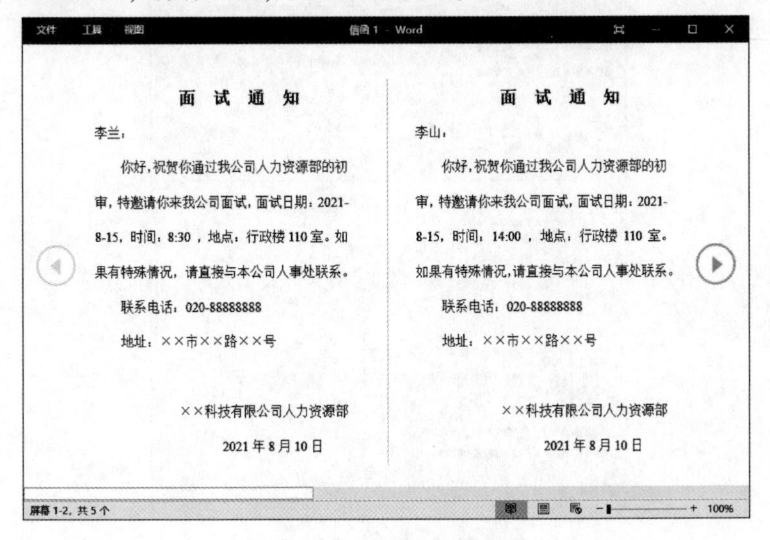

图 2-84　合并文档效果

任务2 样　　式

样式是一套预先定义好的格式组合，格式组合包括字体、字号、段落格式等，并且每一种样式都有对应的名称，通过样式，可以快速地设置文档格式。

实例 2.34 打开“样式”文档，完成以下操作。

（1）新建样式 样式名为“正文样式”，样式类型“段落样式”，格式组合为：字体为“宋体、四号”；首行 2 字符，行距 1.5 倍。

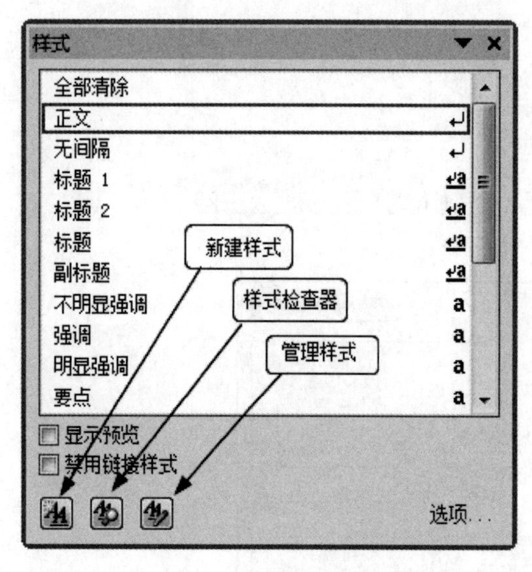

图 2-85 “新建”样式

（2）应用样式 “正文样式”应用于正文第 1 段。

（3）修改样式 修改“正文样式”，字号为小四号，1 倍行距。

操作步骤：

① 新建样式：单击“开始”选项卡→“样式”组→“样式”按钮，弹出“样式”列表框，在列表框中，单击“新建样式”按钮，如图 2-85 所示。弹出“根据格式化创建新样式”对话框，在“名称”文本框中输入“正文样式”；“样式类型”为“段落”；“样式基准”与“后续段落样式”为默认，如图 2-86 所示。

单击“格式”按钮，选择“字体”，设置字体格式：宋体、四号；选择“段落”，设置段落格式：首行 2 字符，行距 1.5 倍，单击“确定”按钮。

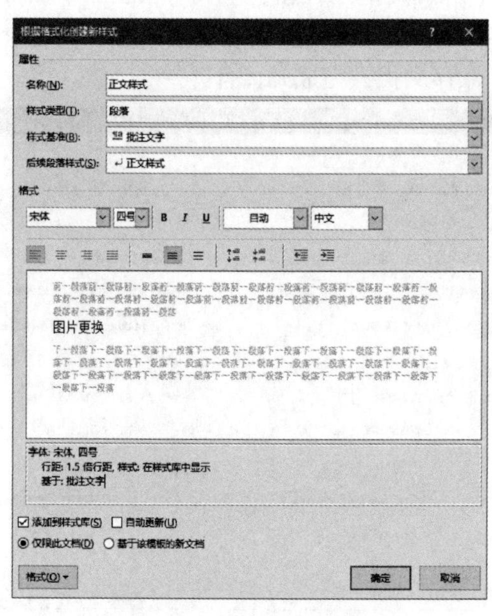

图 2-86 “新建样式”对话框

② 应用样式：选择正文第 1 段，单击“开始”选项卡→“样式”组→“其他”按钮，在样式列表框中选择“正文样式”，应用样式效果如图 2-87 所示。

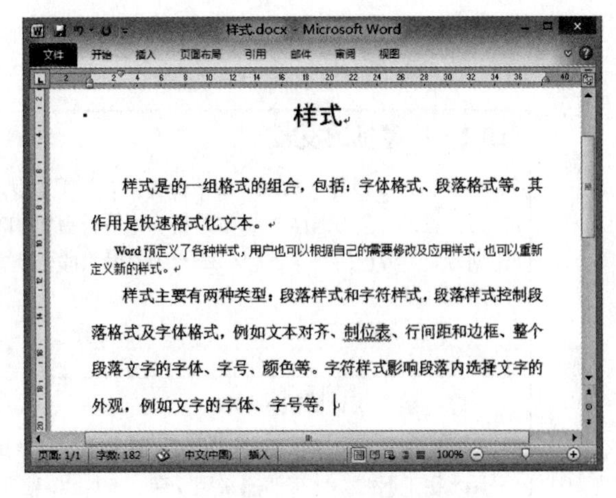

图 2-87　应用样式的效果

提示：

(1) 新建样式，也可以先设置正文第 1 段格式，再新建样式。

(2) 在“根据格式设置创建新样式”对话框中，如果选中“自动更新”，在文档中，修改了应用此样式文本的格式，则所有应用此样式的文本格式同步更新。

③ 修改样式：单击“开始”选项卡→“样式”组→“其他”按钮，在样式列表框中，选择“正文样式”，右击，在快捷菜单中，选择“修改”，如图 2-88 所示。弹出“修改样式”对话框，单击“格式”→“字体”，修改字号为“小四号”，单击“格式”→“段落”，修改行距为“单倍行距”，单击“确定”按钮。选中“自动更新”，如图 2-89 所示。文档中所有应用此样式的文本格式自动更新。

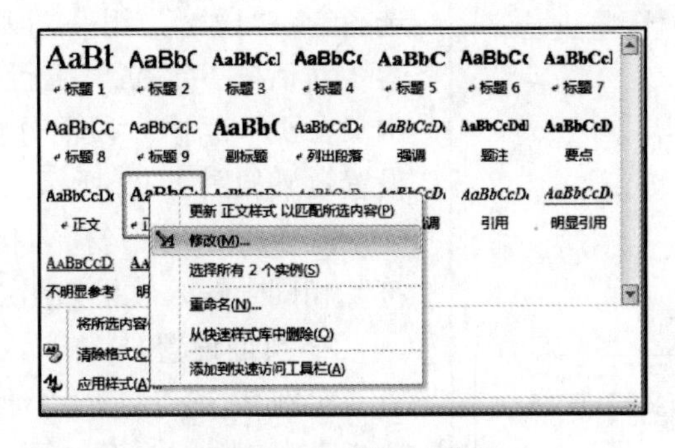

图 2-88　样式的快捷菜单

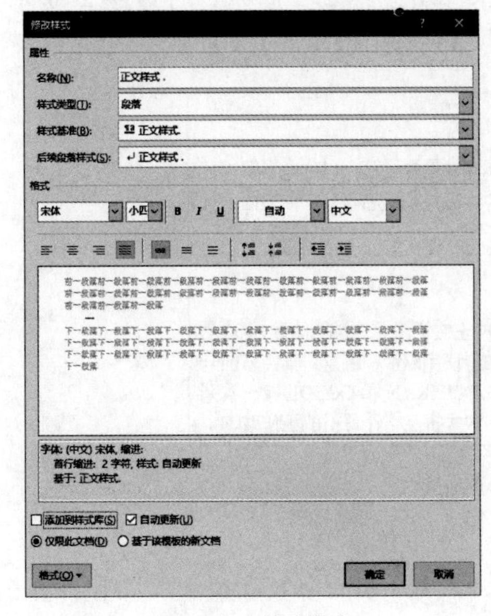

图 2-89　修改样式

任务 3　页 面 布 局

1. 分页、分节

实例 2.35　打开“计算机基础”文档，在有红色标记（ * ）段落前，插入“分页符”；有红色标记（ * * ）段落前，设置“段前分页”；有红色标记（ * * * ）段落前，插入“分节符/下一页”。

操作步骤：

① 插入“分页符”：定位指定段前，单击

“布局”选项卡→“页面设置”组→“分隔符”下拉按钮，在列表框中，选择“分页符”，插入效果如图 2-90 所示。

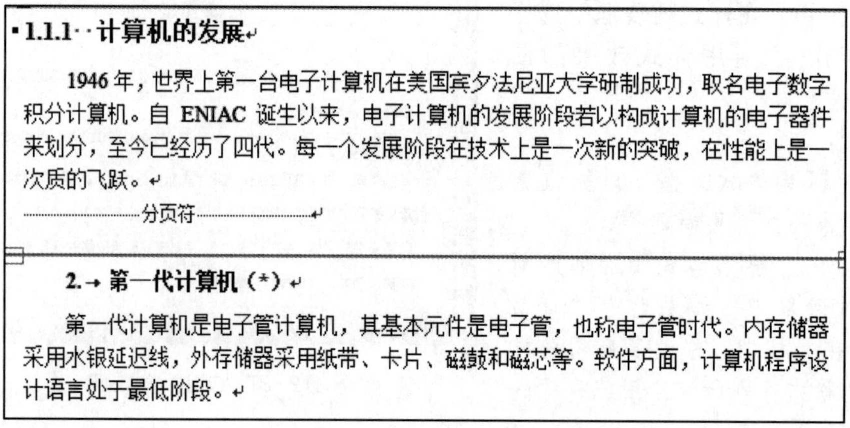

1.1.1 计算机的发展

1946 年，世界上第一台电子计算机在美国宾夕法尼亚大学研制成功，取名电子数字积分计算机。自 ENIAC 诞生以来，电子计算机的发展阶段若以构成计算机的电子器件来划分，至今已经历了四代。每一个发展阶段在技术上是一次新的突破，在性能上是一次质的飞跃。

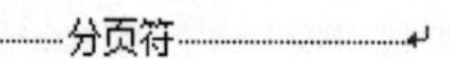

2. 第一代计算机（*）

第一代计算机是电子管计算机，其基本元件是电子管，也称电子管时代。内存储器采用水银延迟线，外存储器采用纸带、卡片、磁鼓和磁芯等。软件方面，计算机程序设计语言处于最低阶段。

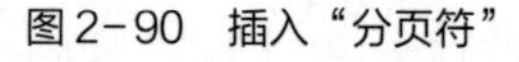

图 2-90 插入“分页符”

② 段前分页：选择指定段落，单击“开始”选择卡→“段落”组→“段落”按钮，弹出“段落”对话框，定位“换行和分页”选项卡，选中“分页”组中“段前分页”，如图 2-91 所示，设置效果如图 2-92 所示。

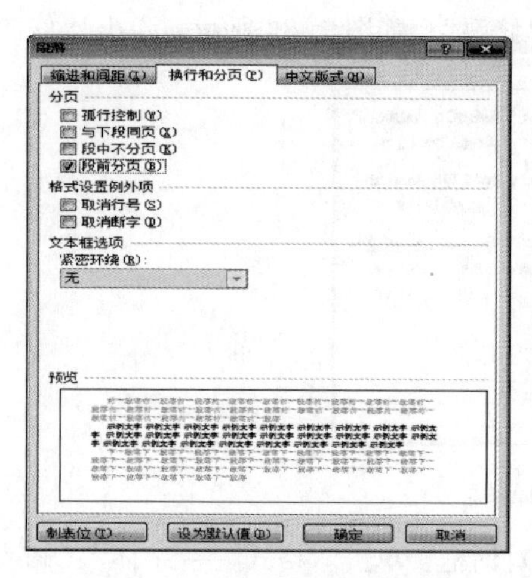

图 2-91 “换行和分页”选项卡

③ 插入“分节符”：操作过程与插入“分页符”相同。插入效果如图 2-93 所示。

2. 页面设置

实例 2.36 打开“计算机基础”文档，设置纸张大小：16 开。页边距：上、下边距各 2.54 厘米，左边距 2.2 厘米，右边距 2 厘米，横向。页眉页脚距边界各 1.5 厘米。

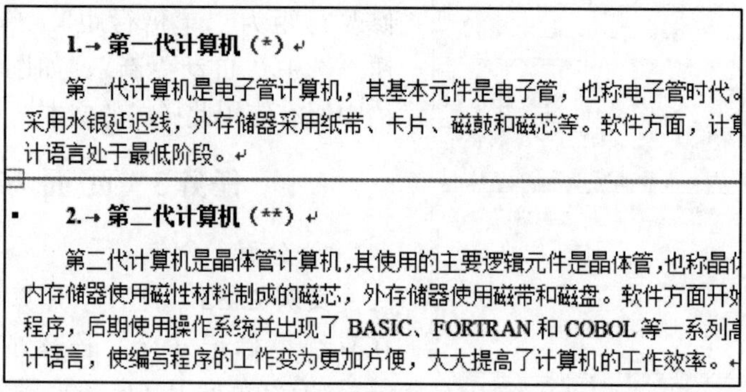

1. 第一代计算机（*）

第一代计算机是电子管计算机，其基本元件是电子管，也称电子管时代。
采用水银延迟线，外存储器采用纸带、卡片、磁鼓和磁芯等。软件方面，计算
计语言处于最低阶段。

2. 第二代计算机（）**

第二代计算机是晶体管计算机，其使用的主要逻辑元件是晶体管，也称晶体
内存储器使用磁性材料制成的磁芯，外存储器使用磁带和磁盘。软件方面开始
程序，后期使用操作系统并出现了 BASIC、FORTRAN 和 COBOL 等一系列高
计语言，使编写程序的工作变为更加方便，大大提高了计算机的工作效率。

图 2-92 段前分页效果

操作步骤：

① 纸张大小：单击“页面布局”选项卡→“布局”组→“页面设置”按钮，弹出“页面设置”对话框，定位“纸张”选项卡，在“纸张大小”下拉列表框中，选择“16

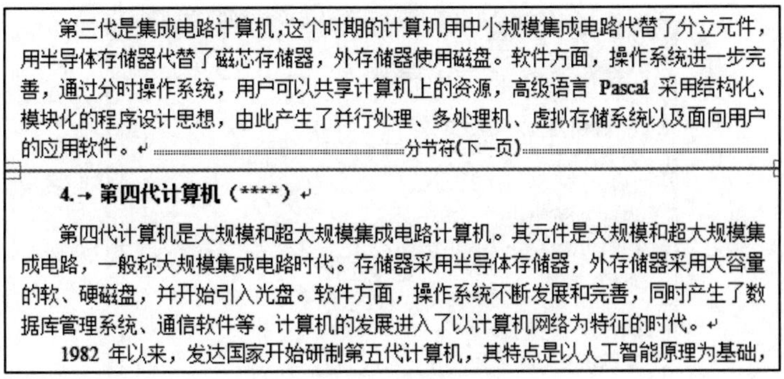

第三代是集成电路计算机，这个时期的计算机用中小规模集成电路代替了分立元件，用半导体存储器代替了磁芯存储器，外存储器使用磁盘。软件方面，操作系统进一步完善，通过分时操作系统，用户可以共享计算机上的资源，高级语言 Pascal 采用结构化、模块化的程序设计思想，由此产生了并行处理、多处理机、虚拟存储系统以及面向用户的应用软件。↵ ……分节符(下一页)……

4.→ 第四代计算机（****）↵

第四代计算机是大规模和超大规模集成电路计算机。其元件是大规模和超大规模集成电路，一般称大规模集成电路时代。存储器采用半导体存储器，外存储器采用大容量的软、硬磁盘，并开始引入光盘。软件方面，操作系统不断发展和完善，同时产生了数据库管理系统、通信软件等。计算机的发展进入了以计算机网络为特征的时代。↵

1982 年以来，发达国家开始研制第五代计算机，其特点是以人工智能原理为基础，

图 2-93　插入分节符

开”，如图 2-94 所示。

② 页边距：在“页面设置”对话框中，定位“页边距”选项卡，输入或调整上下边距各 2.54 厘米，左边距 2.2 厘米，右边距 2 厘米；在“纸张方向”区域中，选择“纵向”，如图 2-95 所示。

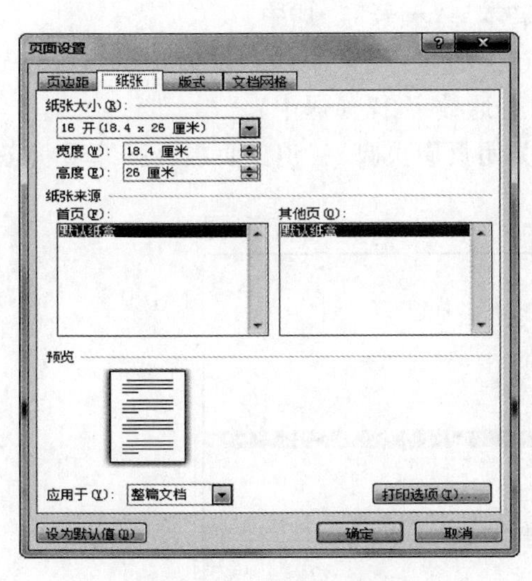

图 2-94　“纸张”设置

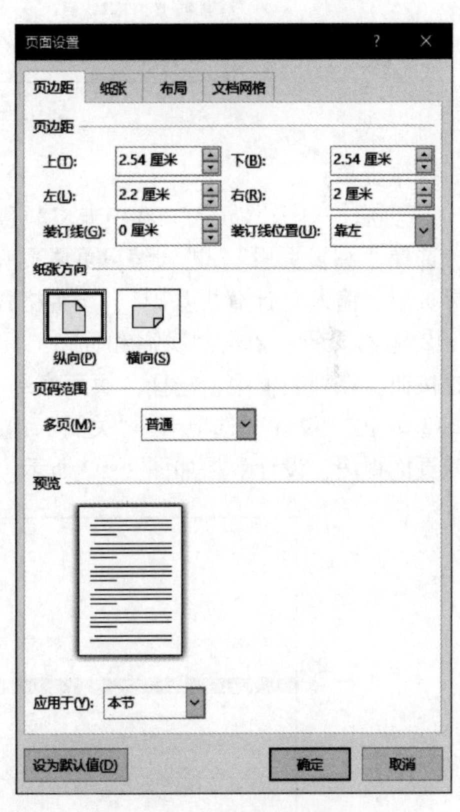

图 2-95　“页边距”设置

③ 版式设置：定位“版式”选项卡，设置“页眉”“页脚”距边界各 1.5 厘米，应用于“整篇文档”，如图 2-96 所示，单击“确定”按钮。

3. 页眉和页脚

实例 2.37　打开“计算机基础”文档，设置页眉和页脚。页眉：文字“计算机基础”格式“宋体”“五号”“居中”；页脚：插入页码“1，2，3，…”，居中。

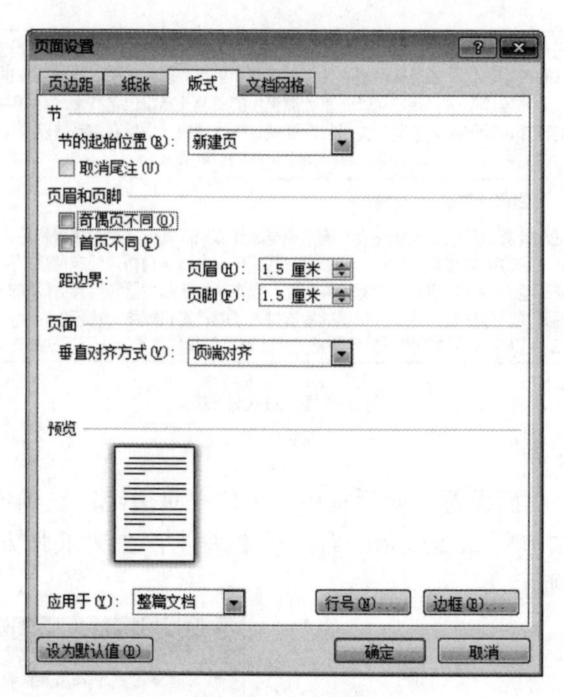

图2-96 版式设置

操作步骤：

① 页眉：单击“插入”选项卡→“页眉和页脚”组→“页眉”下拉按钮，在列表框中，选择“编辑页眉”，进入编辑页眉页脚状态，自动添加页眉横线（段落边框底线），选择页眉，输入“计算机基础”，设置格式“宋体”“五号”“居中”。

② 选择页脚：单击“页眉和页脚工具/设计”选项卡→“页眉和页脚”组→“页码”下拉按钮，在列表框中，选择“页面底部”→“普通数字 2”（居中）。

③ 单击“设计”选项卡→“关闭”组→“关闭页眉页脚”，退出页眉页脚编辑状态，返回页面视图，设计效果如图 2-97 所示。

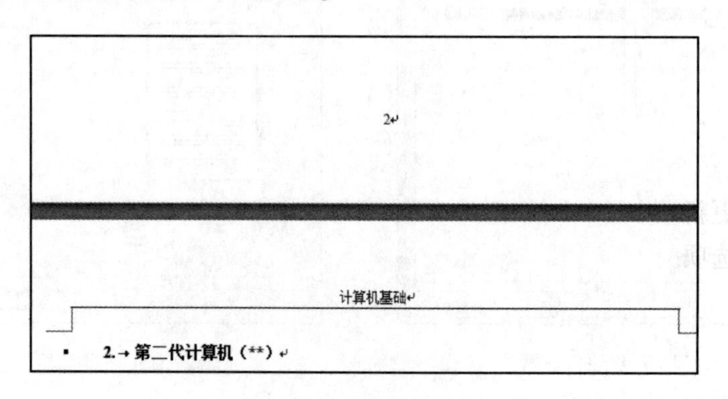

图2-97 编辑页眉页脚

任务4 目　　录

目录是长文档必不可少的组成部分，目录由文档中的章、节标题和页码组成。

Word 提供了自动生成目录的功能，能提取文档不同级别的标题及页码来合成目录。

实例 2.38 打开“目录”文档，添加目录页面，插入目录。

操作步骤：

① 在首页后插入两个分节符“下一页”，生成目录页。输入“目录”并格式字符，光标定位“目录”下的首行，单击“引用”选项卡→“目录”组→“目录”下拉按钮，在列表框中，选择“自定义目录”，弹出“目录”对话框，定位于“目录”选项卡，默认设置，如图 2-98 所示。单击“确定”按钮，效果如图 2-99 所示。

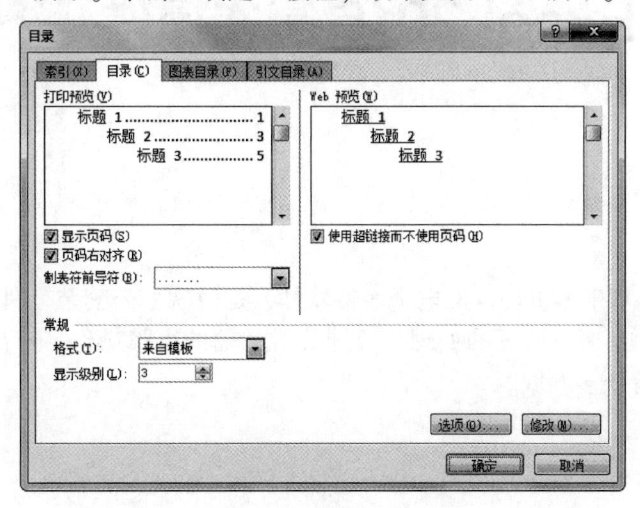

图 2-98 “目录”对话框

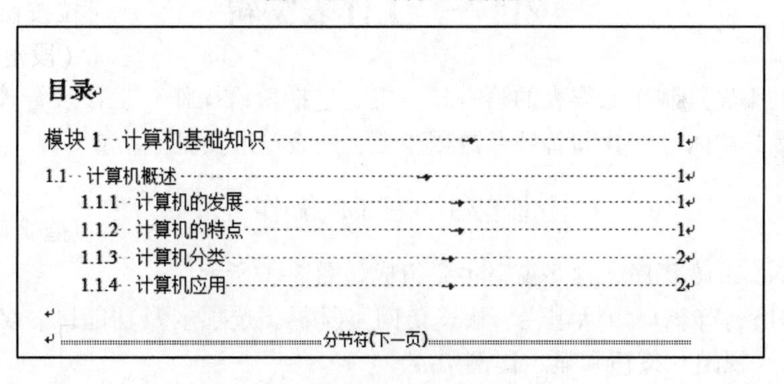

目录

模块 1 计算机基础知识 1

1.1 计算机概述 1

1.1.1 计算机的发展 1

1.1.2 计算机的特点 1

1.1.3 计算机分类 2

1.1.4 计算机应用 2

分节符(下一页)

图 2-99 插入目录

② 更新目录：选中目录，单击“引用”选项卡→“目录”组→“更新目录”（或快捷菜单中的“更新域”命令），弹出“更新目录”对话框，选择“只更新页码”或“更新整个目录”选项，如图 2-100 所示，单击“确定”按钮。

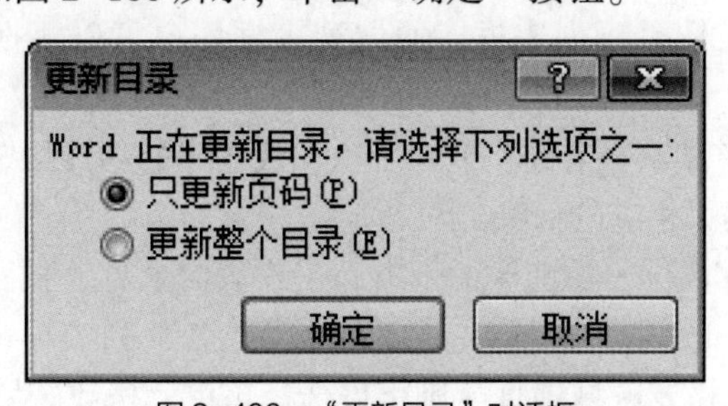

图 2-100 “更新目录”对话框

MODULE 3

模块三 Excel 2016 基本操作

Excel 2016 是基于 Windows 的电子表格软件，是微软办公套装软件的一个重要的组成部分，它可以进行各种数据的处理、统计分析和辅助决策操作，广泛地应用于管理、统计财经、金融等众多领域。

项目一　工作表编辑

工作表的编辑是制作工作表的第一步，主要包括窗口操作、工作表管理、单元格选择、单元格数据输入、查找和替换、数据验证、列表输入及打印。

任务1　窗 口 操 作

启动 Excel 2016 程序，程序窗口主要组成如图 3-1 所示。

Excel 2016 工作窗口由标题栏、快速访问工具栏、选项卡及功能区、名称框、编辑栏、状态栏、“视图”按钮和显示比例构成。

（1）标题栏　位于程序窗口的顶端，居中显示正在编辑的工作簿文件名和应用程序名。

（2）快速访问工具栏　通常情况下快速访问工具栏位于窗口的左上角，集成了多个常用命令按钮，默认状态下包括“保存”“撤销”“恢复”等。单击右侧下拉按钮，弹出“自定义快速访问工具栏”列表框，通过列表框用户可以根据需要进行添加或隐藏工具。

（3）选项卡及功能区　单击选项卡，可以切换相应的功能区，每个功能区又划分为不同的组，每组中收集了相应的命令。

（4）名称框　名称框位于功能区的下方，工作表的上方，显示活动单元格或区域的名称；当进入公式编辑时，“名称框”切换为“函数名”列表框，供用户选择函数。如果在地址栏内输入单元格或区域地址，则可以选择该单元格或区域。

（5）编辑栏　编辑栏对应的是活动单元格，在编辑栏中，输入内容会同步活动单

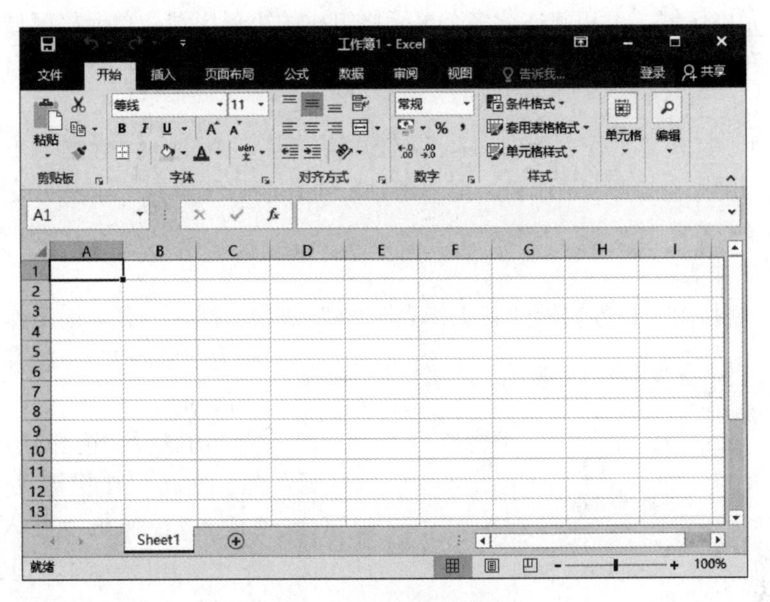

图 3-1　Excel 2016 程序界面

元，对纯数据，两者显示一致；当编辑公式时，编辑栏显示公式，活动单元格显示公式计算的结果。

(6) 状态栏　显示当前的状态信息，如就绪、输入等信息。

(7)“视图”按钮　“视图”包括普通视图、页面视图和分页预览，单击“视图”按钮，切换视图。

(8) 显示比例　用于设置文档编辑区域的显示比例，用户可以通过拖动滑块调节显示比例。

任务 2　工作表管理

1. 工作簿、工作表和单元格

(1) 工作簿　工作簿是指用来存储并处理数据的一个 Excel 文档，其扩展名为“. xlsx”，一个工作簿包含若干工作表。

(2) 工作表　工作表是指由若干行和列所组成一张表格，工作表的行，使用自然数顺序号标记，称为“行号”，位于工作表的左侧，表示为 1、2、3、……。工作表的列，使用英文字母顺序标记，称为“列标”，位于工作表的上面，依次为 A ~ Z，AA ~ AZ 等。每张工作表，都有其名称。

(3) 单元格　工作表中行与列的交叉位置就是一个单元格，是组成工作表的最小单位。用来存储各种数据。单元格用单元格名称标识，单元格名称由单元格的列标和行号组成。

例如：当前工作表单元格为 D 列、8 行，其单元格名称为“D8”。非当前工作表的单元格名称为：“工作表名！单元格名称”，如“Sheet2!D8”。

(4) 当前单元格又称活动单元格　光标所在的单元格称为“当前单元格”，显示为黑色的边框（如果是选择了一个区域，则选择的区域高亮显示，而当前单元格反白显示），单元格的名称显示在名称框内。

(5) 单元格区域　由相邻连续多个单元格组成的矩形区域。单元格区域的名称标识为区域左上角单元名称：右下角单元名称，如当前工作表为 A1：B8，非当前工作表为 Sheet2!A1：B8。

实例 3.1　打开“工作表管理.xlsx”工作簿，插入工作表，“数据”工作表重命名为“工资”；删除“成绩”工作表，把“考勤”工作表移至所有工作表的最后。

操作步骤：

① 插入工作表：

方法 1：直接单击标签右侧“新工作表”“+”按钮，插入一张新的工作表，默认名称为“Sheet1”（原有命名序号最大值+1）。

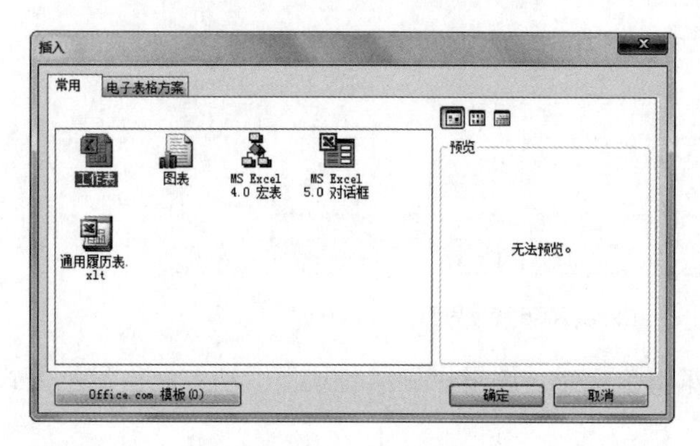

图 3-2　弹出“插入”对话框

方法 2：选择任一工作表标签，右击，在快捷菜单中，选择“插入”，弹出“插入”对话框，在“常用”选项卡中，选择“工作表”选项，如图 3-2 所示，单击“确定”按钮。

② 重命名工作表

方法 1：选择“数据”工作表标签，双击，输入“工资”。

方法 2：选择“数据”工作表标签，右击，在快捷菜单中，选择“重命名”，输入“工资”。

③ 删除工作表：

方法 1：选择“成绩”工作表，右击，选择快捷菜单“删除”。

方法 2：选择“成绩”工作表，单击“开始”选项卡→“单元格”组→“删除”下拉按钮，在列表框中，选择“删除工作表”。

④ 移动工作表：

方法 1：鼠标操作，选择“考勤”工作表，按住鼠标左键并沿着标签拖动，此时，鼠标指针变为箭头与白色方块的组合，同时在标签上方出现一个黑色下拉三角形，指示当前工作表所要插入的位置，松开鼠标左键，工作表移到新的位置，如图 3-3 所示。

如果按住“Ctrl”键进行拖动，在箭头的上方在一个“+”号，则表示复制工作表。

方法 2：快捷菜单，选择“考勤”工作表，右击，在选择快捷菜单中，选择“移动或复制”，弹出“移动或复制工作表”对话框，在“下列选定工作表之前”列表框中，选择“（移至最后）”，如图 3-4 所示，单击“确定”按钮。

在“移动或复制工作表”对话框中，若选择“建立副本”，则为复制。

2. 冻结窗格

冻结窗口是为了在滚动浏览时，工作表中前若干行和前若干列始终保持可见。

实例 3.2　打开“工作表管理”工作簿，定位“员工信息”工作表中，冻结前 2 行左 2 列；再取消冻结。

图3-3　鼠标拖动移动

操作步骤：

① 冻结窗格：定位“员工信息”工作表，选择 C3 单元格，单击“视图”选项卡→“窗口”组→“冻结窗格”下拉按钮，在列表框中，选择“冻结拆分窗格”，在 C3 单元格前和左插入冻结条，如图 3-5 所示。

② 取消冻结：在“取消冻结”工作表中，单击“视图”选项卡→“窗口”组→“冻结窗格”下拉按钮，在列表框中，选择“取消冻结窗格”。

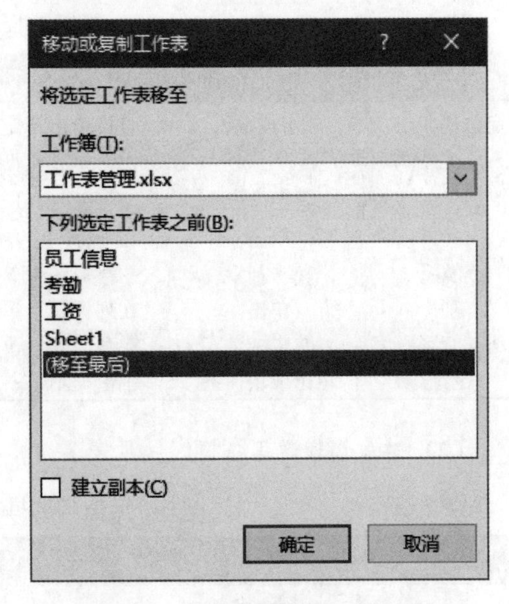

图3-4　“移动和复制工作表”对话框

任务 3　单元格选择

实例 3.3　打开“工作簿编辑”工作簿，在“选中”工作表中，练习选择单元格；选择行；选择列；选择单元格区域。

操作步骤：

① 选择单元格：直接单击指定单元格。

② 选择行：鼠标移至行标，待变为向右的箭头时，单击，选择行。

③ 选择列：鼠标移至列标，待变为向下的箭头时，单击，选择列。

④ 选择单元格区域：

方法 1：选择左上角单元格，按住鼠标左键，拖至右下角单元格。

方法 2：选择左上角单元格，按住“Shift”键，再单击右下角单元格。

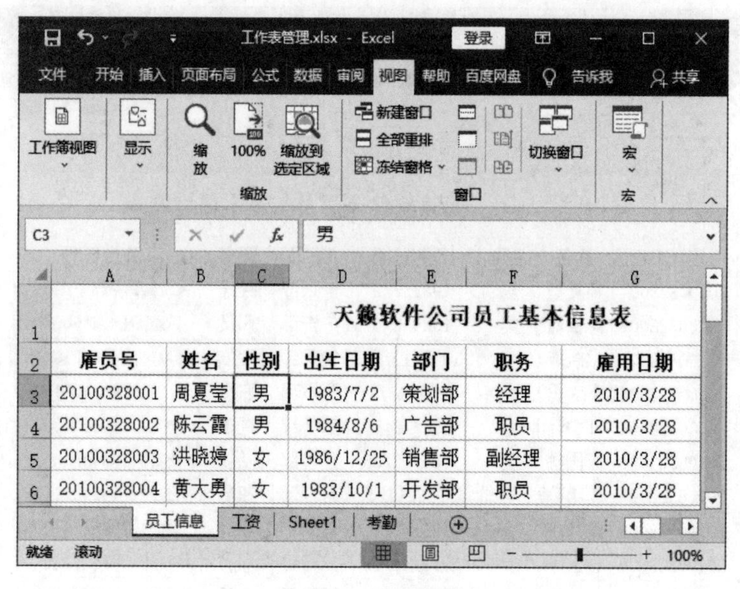

图 3-5 冻结窗格

提示：

（1）鼠标选择常用方法，见表 3-1。

表 3-1 鼠标选择常用方法

选择对象	操作要点	选 择 方 法
定位单元格	单击或输入	直接单击指定单元格；或者在名称框中输入单元格地址
单元格区域	拖动或 Shift 键+单击	用鼠标从区域左上角拖动到右下角； 或者选择区域左上角，按下 Shift 键，单击区域右下角
行	单击	在行标题上单击
连续行	单击拖动	在行标题上单击并拖动
列	单击	在列标题上单击
连续列	单击拖动	在列标题上单击并拖动
全选	单击或快捷键	单击“全选”按钮（行标题与列标题交叉点），或者快捷键“Ctrl+A”

（2）键盘选择常用快捷键，见表 3-2。

表 3-2 定位与选择常用快捷键

按 键	功 能
↑、↓、←、→	上、下、左、右移一个单元格
Enter、Shift+Enter	下、上移一单元格
Tab、Shift+Tab	右、左移一单元格
PageUp、PageDown	上下翻动一屏
Alt+PageUp、Alt+PageDown	左右翻动一屏
Home	移动到同行最左端单元格
Ctrl+Home	移动到 A1 单元格
End 或 Ctrl+↑（↓、←、→）	移到连续数据区域（或无数据区域）的边界处
Shift+↑（↓、←、→）	逐渐扩展选择区域

任务 4　单元格数据输入

单元格数据类型如下所示。

（1）文本型　文本型数据由一串字符组成，包括中文、英文、数字等符号，其中纯数字型文本没有数量概念，不能进行算术运算。文本型数据默认的对齐方式为“左对齐”。

例如：“姓名”“周夏莹”“男”“20160328001”（纯数字型文本）等。

（2）数值型　数值型数据由 0～9、+（加）、-（减）、.（小数点）、E、e、%、$（美元符号）等组成。具有数量概念，并参与算术运算。数值型数据默认的对齐方式为“右对齐”。例如 8、8.8、88%、8，000、$8、8e+8、8 3/4 等。

（3）日期型　表示日期和时间方法。日期型数据默认的对齐方式为“右对齐”。

日期格式：“年/月/日”或“年-月-日”。

时间格式：“时：分：秒”，24 小时制；“时：分：秒 AM（A）或 PM（P）”，12 小时制。

日期时间连写，中间空格，例如：2007-7-26、20：30、2007-7-26 20：30

（4）逻辑型　只有两个值：TRUE、FALSE，分别表示“真”“假”。单元格中很少直接使用这两个量，间接用在公式和函数以及数据处理的逻辑判断条件中。逻辑型数据默认的对齐方式为“居中对齐”。

实例 3.4　打开“工作表编辑”工作簿，选择“数据输入”工作表，输入数据，如图 3-6 所示。

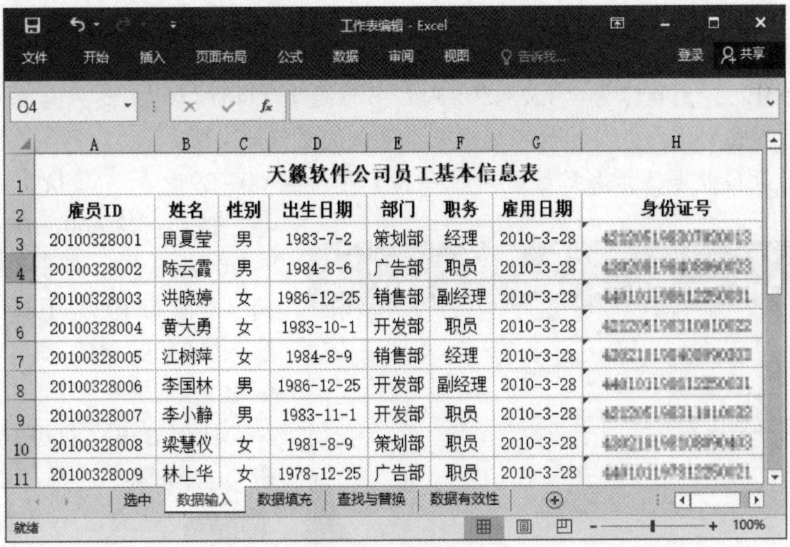

图 3-6　输入数据效果

操作步骤：

① 文本型数据输入：

对于“姓名”“性别”“部门”“职务”等文本型数据，直接输入。

对于“雇员 ID”“身份证号”等纯数字型文本，不能直接输入。输入方法如下：

方法1：先输入“'”（英文输入状态下的单引号），再输入数字。单引号作用是将数字转化为数字型文本。

方法2：先选择A3：A22，单击“开始”选项卡→“数字”组→“设置单元格格式：数字”按钮，弹出“设置单元格格式”对话框，自动定位“数字”选项卡，在分类列表框中，选择“文本”，如图3-7所示，单击“确定”按钮。再直接输入数字。

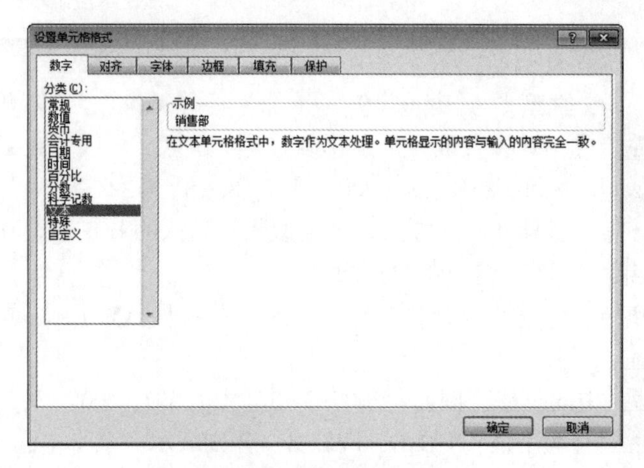

图3-7 文本型数据输入示例

② 数值型输入：工资数据属于数字型数据，直接输入。

③ 日期型输入：“出生日期”和“雇用日期”属于日期型数据。直接按“年/月/日”或“年-月-日”格式输入。

提示：

(1) 输入太大或太小的数值，系统会自动转化为科学计数法表示，例如输入“123456789012”，则显示为“1.23457E+11”，即是1.23457×10^{11}。这只是意味着该单元格数据显示方式改变，但实际数字仍然是原输入的数值。

(2) 日期型数据，如果只输入两位年份，年份在00~29之间，转换为2000~2029年，例如：输入07-08-09，转换为2007-8-9。年份在30~99之间，转换为1930~1999年，例如：输入98-9-10，转换为1998-9-10。

图3-8 数据填充效果

实例3.5 打开“工作表编辑”工作簿，选择“数据填充”工作表，完成以下数据填充，效果如图3-8所示。

(1) 公差为1的数据填充B3至B8。

(2) 等比为2的数据填充C3至C8。

操作步骤：

① 公差为1填充：输入B3、B4单元格数据，选择B3：B4单元区域，在选择框的右下角有一个黑色小方点，称为“填充柄”。将光标移至填充柄上，光标变为十字“**+**”。按住鼠标左键，沿填充的方向（向下）拖动填充柄到B8单元格，松开鼠标左键，完成数据填充，如图3-9所示（注：两个连续单元格按其数值差值自动填充）。

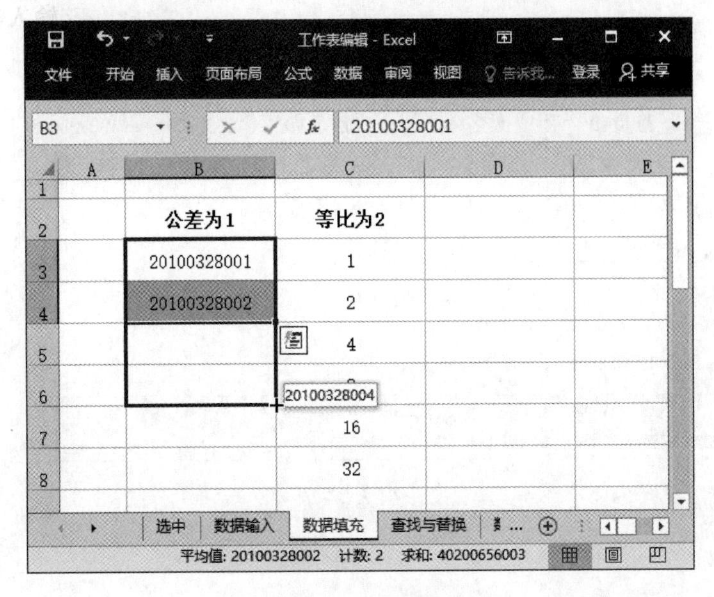

图3-9　拖动填充

② 等比为2填充：选择C3，输入“1”，选择C3：C8，单击“开始”选项卡→“编辑”组→“填充”下拉按钮，在列表框架中，选择“序列”，弹出“序列”对话框。在“序列产生在”组中，选择“列”，在“类型”组中，选择“等比序列”，在“步长值”文本框中输入“2”，如图3-10所示，单击“确定”按钮。

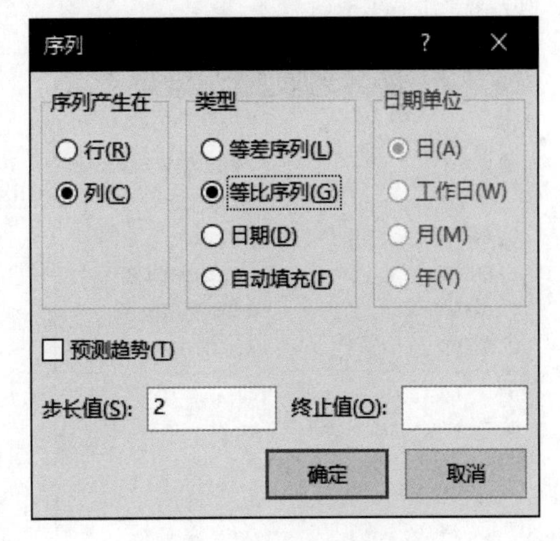

图3-10　“系列”对话框

提示：

如果在产生序列前只选中A3单元格，则必须输入终止值。

实例3.6　打开“工作表编辑”工作簿，在“移动与复制”工作表中，实现A3：B13数据转置，存放在D3起始区域，效果如图3-11所示。

操作步骤：

① 选择A3：B9单元区域，单击“开始”选项卡→“剪贴板”组→“复制”。

② 选择D3单元格（只需确定起始位置），单击“开始”选项卡→“剪贴板”组→“粘贴”下拉按钮，在列表框，选择“选择性粘贴”，弹出“选择性粘贴”对话框，选中“转置”，如图3-12所示。单击“确定”按钮。

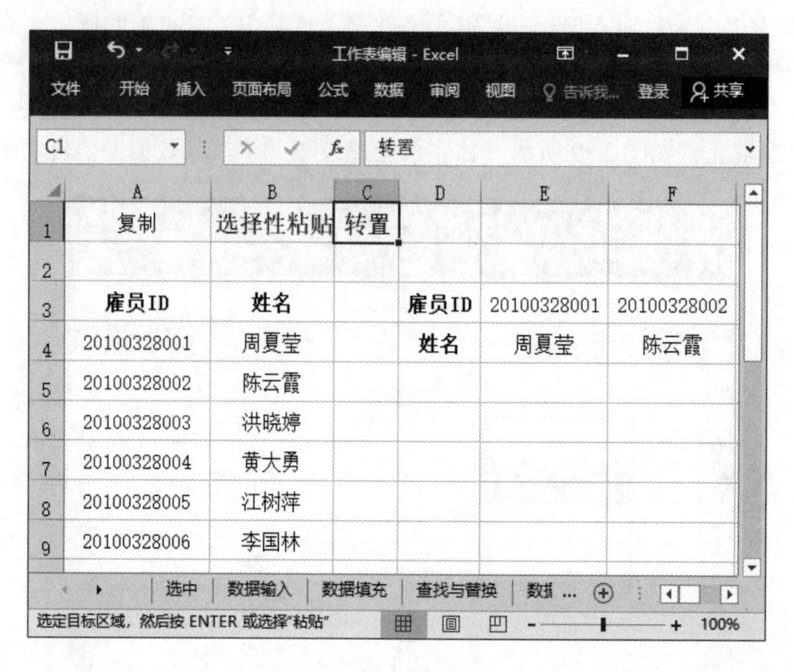

图 3-11 “转置”粘贴效果

提示：

“转置”的含义是，原本纵向（或横向）排列的数据，粘贴后变成横向（或纵向）。

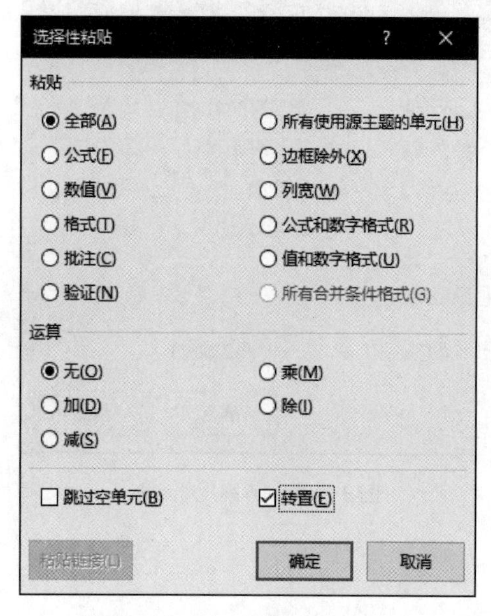

图 3-12 “选择性粘贴”对话框

任务 5 查找和替换

实例 3.7 打开“工作表编辑”工作簿，在“查找与替换”工作表中，把所有“职员”替换为“员工”，工作表原数据如图 3-13 所示。

操作步骤：

单击“开始”选项卡→“编辑组”→“查找和选择”→“替换”，弹出“查找和替换”对话框，自动定位于“替换”选项卡，在“查找内容”文本框中，输入“职员”；在“替换为”文本框中，输入“员工”。单击“全部替换”按钮，如图 3-14 所示。

提示：

如果单击“格式”按钮，可设置查找格式及替换后的格式。

任务 6 数据验证

Excel 具有对输入数据附加提示并进行有效性检验的功能，该功能可以指定单元格

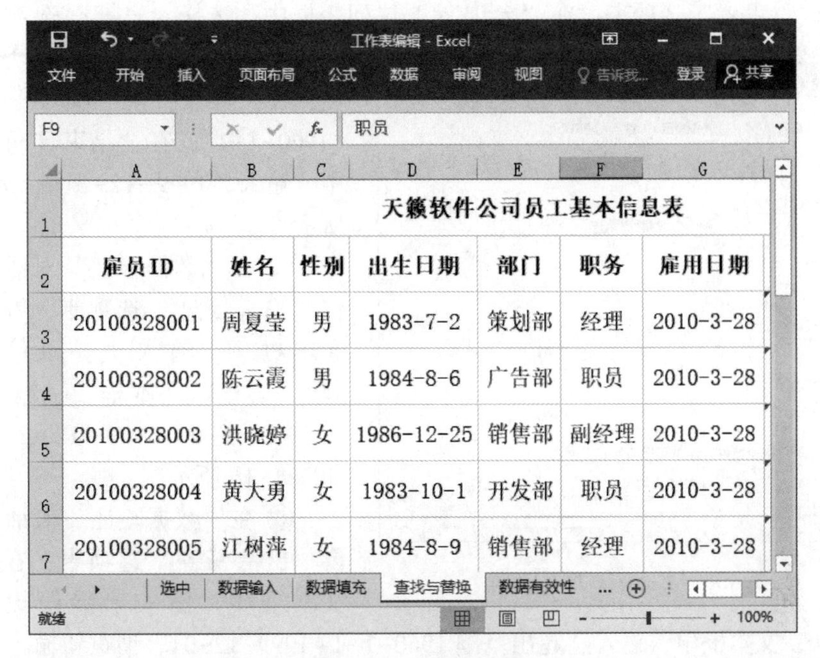

天籁软件公司员工基本信息表						
雇员ID	姓名	性别	出生日期	部门	职务	雇用日期
20100328001	周夏莹	男	1983-7-2	策划部	经理	2010-3-28
20100328002	陈云霞	男	1984-8-6	广告部	职员	2010-3-28
20100328003	洪晓婷	女	1986-12-25	销售部	副经理	2010-3-28
20100328004	黄大勇	女	1983-10-1	开发部	职员	2010-3-28
20100328005	江树萍	女	1984-8-9	销售部	经理	2010-3-28

图 3-13　替换前数据

查找和替换
查找(D)　替换(P)
查找内容(N)：职员　未设定格式　格式(M)...
替换为(E)：员工　未设定格式　格式(M)...
范围(H)：工作表　区分大小写(C)
搜索(S)：按行　单元格匹配(O)
查找范围(L)：公式　区分全/半角(B)　选项(T) <<
全部替换(A)　替换(R)　查找全部(I)　查找下一个(F)　关闭

图 3-14　“替换”设置

中允许输入的数据类型（文本、数字、日期等），以及有效数据的范围（数字的界线、序列中的数值等）。

建立数据有效性，只对建立后输入数据有效，建立前的数据无效，所以先创建对应单元格区域数据有效性，再输入数据。

实例 3.8　打开“工作表编辑”工作簿，在“数据效性”工作表中，建立“出生日期”区域 D3∶D18 有效性，再输入日期。有效性规则为：日期范围 1960-1-1～1999-12-31，提示信息：请输入 1960-1-1～1999-12-31 数据，出错信息：超出范围 1960-1-1～1999-12-31，停止输入。

操作步骤：

① 选择“出生日期”单元格区域“D3∶D18”，单击“数据”选项卡→“数据工具”组→“数据验证”下拉按钮，在列表框中，选择“数据有效性”，弹出“数据验证”对

话框，定位“设置”选项卡。在“允许”下拉列表框中，选择“日期”选项；在“数据”下拉列表框中，选择“介于”选项；在“开始日期”文本框中，输入“1960-1-1”；在“结束日期”文本框中，输入“1999-12-31”，如图 3-15 所示。

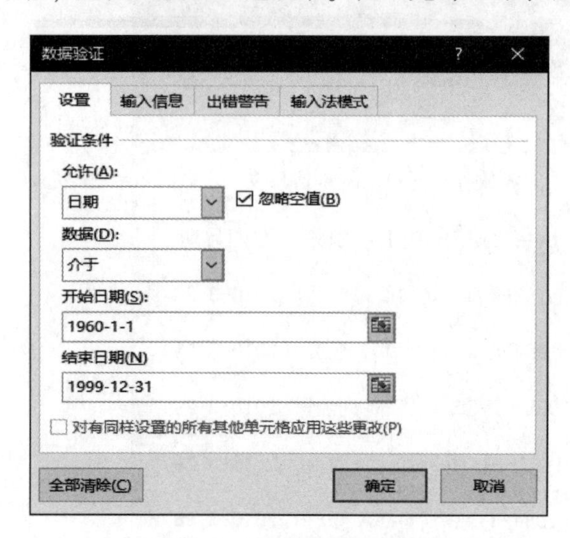

图 3-15 “数据有效性”对话框

② 在“数据验证”对话框中，定位“输入信息”选项卡，在“标题”文本框中，输入“提示信息”；在“输入信息”文本框中，输入“请输入 1960-1-1~1999-12-31 数据!”，如图 3-16 所示。

③ 在“数据验证”对话框中，定位“出错警告”选项卡，在“标题”文本框中，输入“错误提示”；在“错误信息”文本框中，输入“超出范围 1960-1-1~1999-12-31，请重新输入!”，如图 3-17 所示，单击“确定”按钮。

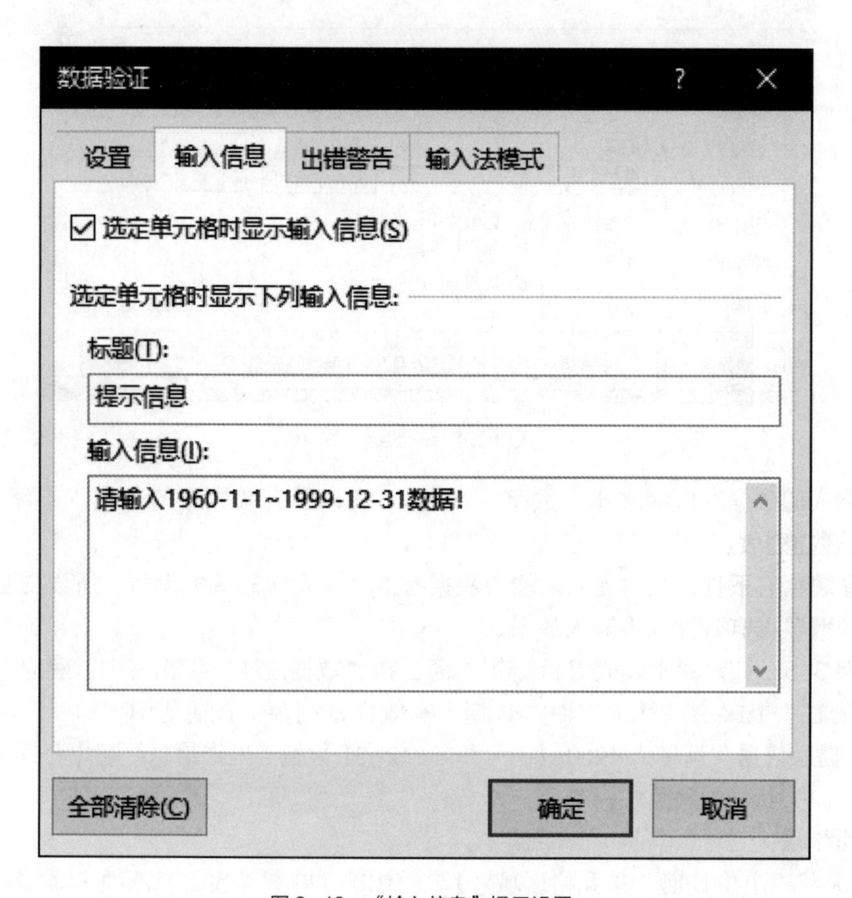

图 3-16 “输入信息”提示设置

④ 选择 D3 单元格，显示提示信息，如图 3-18 所示，输入“1983-7-2”，如果输入“2020-1-1”，将弹出“出错信息”，如图 3-19 所示，用户只能单击“重试”或“取消”。

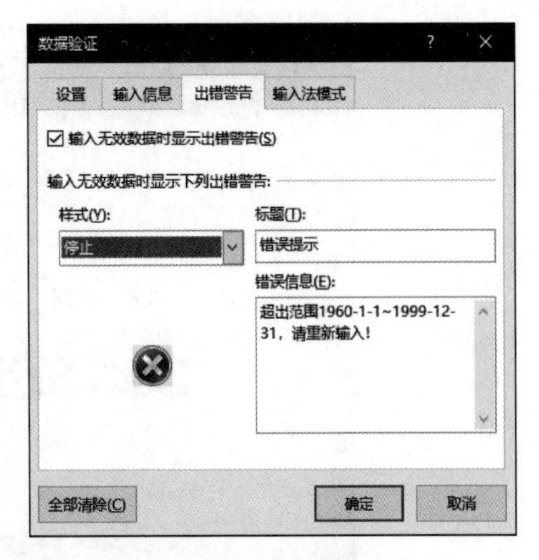

图 3-17　“出错警告”设置

任务 7　列表输入

对重复的有限个序列的数据，可采用列表输入，提高输入的准确性和速度。

实例 3.9　打开“工作表编辑”工作簿，在“列表输入”工作表中，建立“部门”区域 E3∶E18 列表输入，部门选项有：策划部、广告部、销售部、开发部。

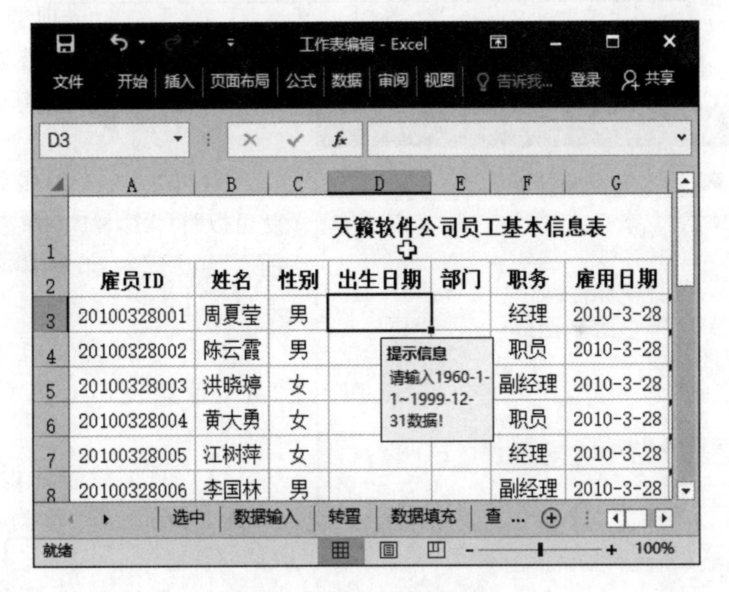

图 3-18　显示“提示信息”

操作步骤：

① 建立列表：选择部门区域 E3∶E18，单击“数据”选项卡→“数据工具”组→“数据有效性”下拉按钮，在列表框中，选择“数据验证”，弹出“数据验证”对话框，定位“设置”选项卡。在“允许”下拉列表框中，选择“序列”；在“来源”文本框中，输入“策划部，广告部，销售部，开发部”，注意各选项之间用英文输入状态下的逗号分隔，如图 3-20 所示，单击“确定”按钮。

② 输入数据：选择 E4 单元格，单击右侧下拉列表框，选择“广告部”，如图 3-21 所示。

提示：

如果要清除“数据有效性”，选择清除区域，在“数据有效性”的“设置”选项卡中，单击“全部清除”按钮。

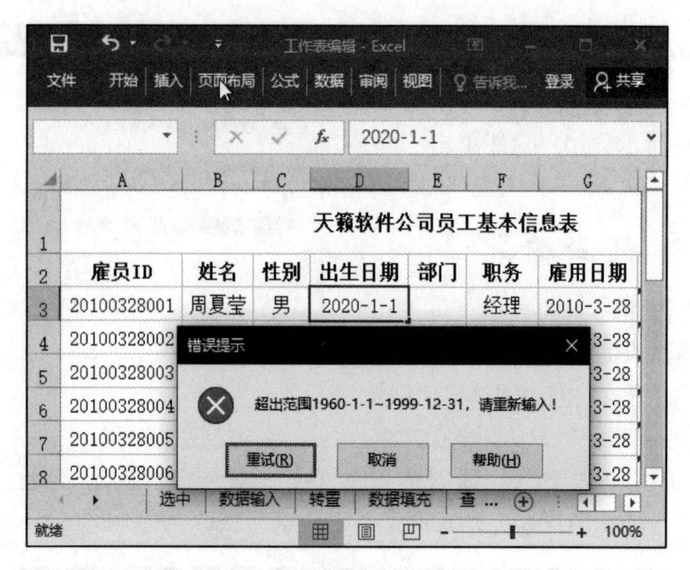

图 3-19 显示“错误信息”

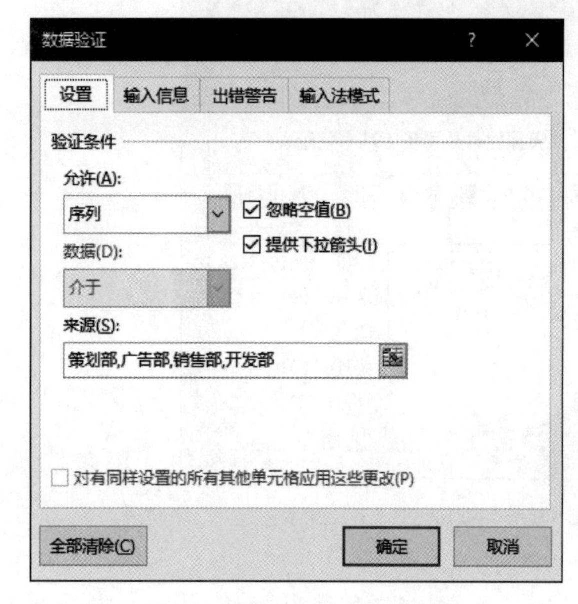

图 3-20 设置单元格区域下拉列表选项

任务 8 打 印

实例 3.10 编辑好工作表后，就可以打印 Excel 工作表了。在打印前，要设置打印格式和预览打印效果。

打开“打印”工作簿，选择“员工信息表”工作表，完成打印设置。

(1) 页面设置 设置纸张大小 A4 纸，纵向，调整为“1”页宽，“1”页高。

(2) 页边距设置 左 2.0、右 2.0、上 2.5、下 2.5，页眉页脚各 1.3，水平居中。

(3) 页眉页脚设置 页眉中插入“员工信息表”，页眉右插入日期，页脚中插入页码“第 1 页”。

(4) 工作表设置 设置打印区域 A1∶H62。打印标题，标题行为第 1~2 行。

(5) 使用分页预览，页面布局，打印预览，查看或更改页面设置效果。

操作步骤：

① 页面设置：单击“页面布局”选项卡→“页面设置”组→“页面设置”按钮，弹出“页面设置”对话框。定位“页面”选项卡，在方向组中，选择“纵向”，在缩放组中，在调整为文本框中输入“1”页宽，“1”页高。纸张大小：A4，如图 3-22 所示。

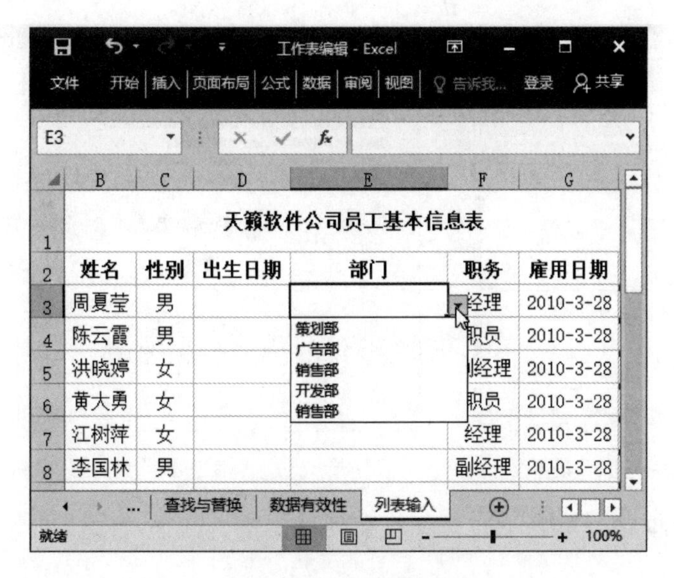

图 3-21 下拉列表选项

② 页边距设置：选择“页边距”选项卡，设置左 2.0、右 2.0、上 2.5、下 2.5，居中方式选择“水平”，如图 3-23 所示。

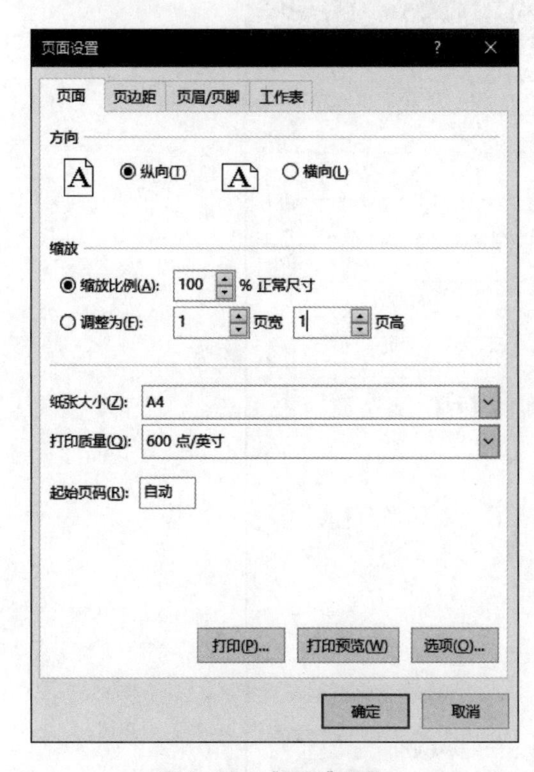

图 3-22 “页面”设置

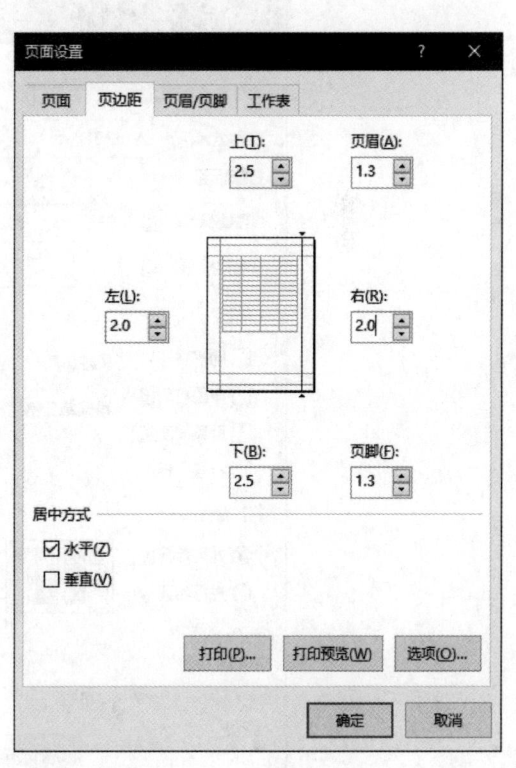

图 3-23 “页边距”设置

③ 页眉/页脚设置：定位“页眉/页脚”选项卡，如图 3-24 所示。单击“自定义页眉”按钮，弹出“页眉”对话框，在中间文本框中，输入“员工信息”，在右边文本框中，插入“& 日期”，如图 3-25 所示。

图 3-24 “页眉/页脚”设置

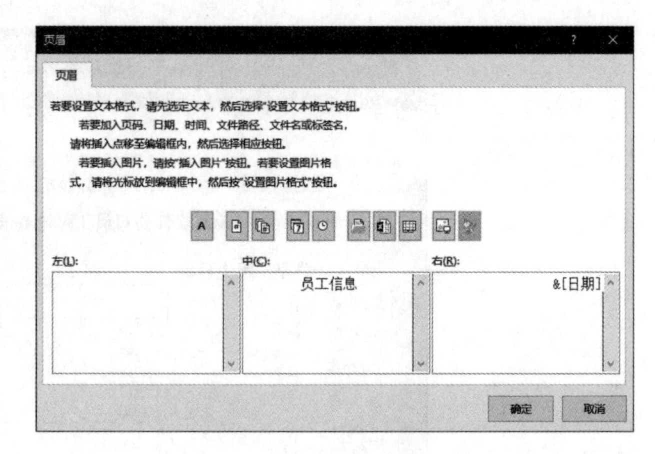

图 3-25 “页眉”设置

在页脚组合框中，单击下拉按钮，在列表框中，选择“第 1 页”，单击“确定”按钮。

④ 工作表设置：定位“工作表”选项卡，在“打印标题”组中，设置“顶端标题行”为第 1~2 行，如图 3-26 所示。

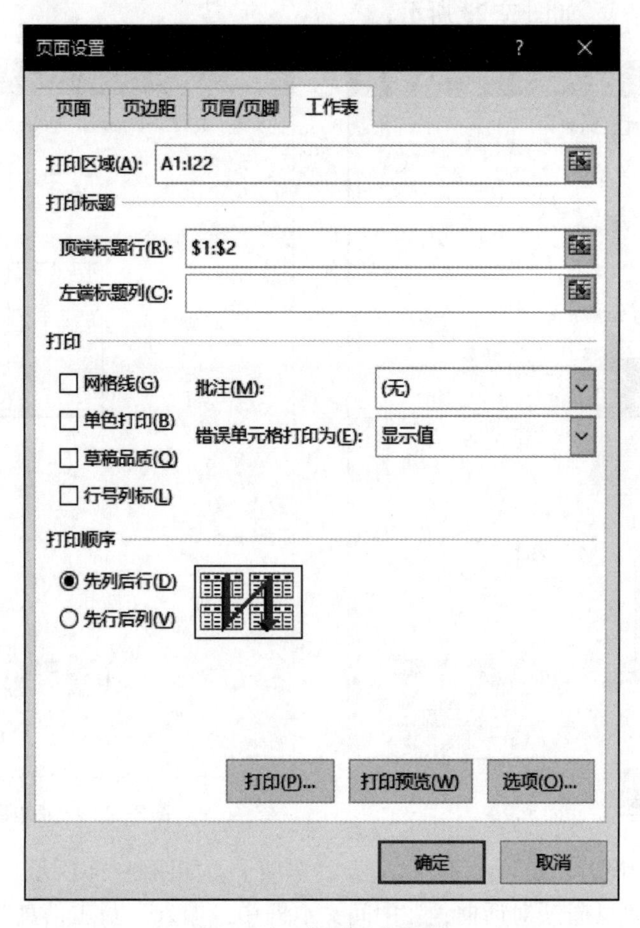

图 3-26 “工作表”设置

⑤ 分页预览：单击“视图”选项卡→“工作簿视图”组→“分页预览”，进入“分页预览”视图。在“分页预览”视图中，插入自动分页符，显示为蓝色虚线。用户可以插入手动分页，手动分页符显示为蓝色实线，可以拖动分页符，改变打印范围，如图 3-27 所示。

	A	B	C	D	E	F	G	H
14	20100928001	刘林	女	1988-10-5	策划部	职员	2010-9-28	
15	20100928002	卢菡	女	1978-8-9	开发部	职员	2010-9-28	
16	20100928003	吕怡玲	女	1986-12-25	策划部	职员	2010-9-28	
17	20100928004	马盼盼	男	1988-5-2	开发部	经理	2010-9-28	
18	20100928005	宋瑛洁	女	1989-12-25	策划部	职员	2010-9-28	
19	20100928006	王佳妮	女	1978-4-5	广告部	副经理	2010-9-28	
20	20100928007	张红岩	男	1984-8-9	销售部	职员	2010-9-28	
21	20100928008	张汇文	女	1986-12-25	策划部	职员	2010-9-28	
22	20100928009	张雯怡	男	1983-10-1	销售部	职员	2010-9-28	

图 3-27　分页预览

⑥ 页面布局：单击“视图”选项卡→“工作簿视图”组→“分页布局”，进入“分页布局”视图。在“分页布局”视图中，可以轻松地添加或更改页眉和页脚、使用标尺调节数据的宽度和高度，如图 3-28 所示。

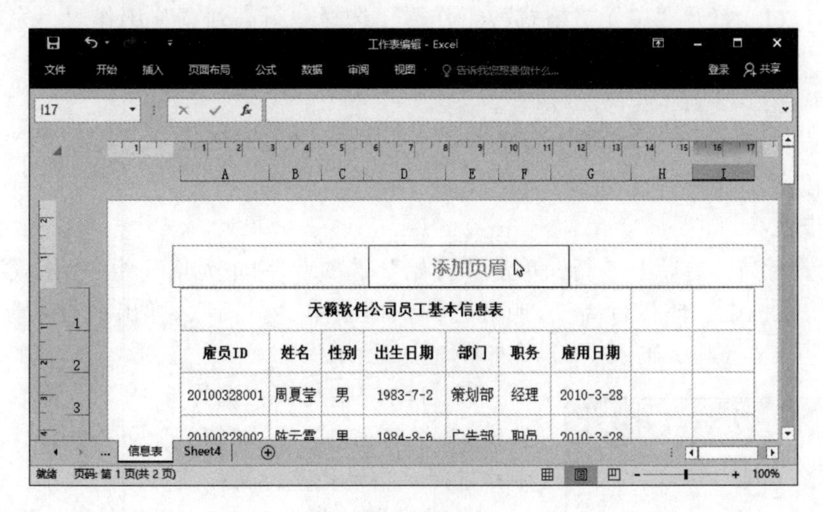

图 3-28　页面布局

⑦ 打印：单击“文件”选项卡→“打印”，进入“打印”设置，如图 3-29 所示。单击页面右下角“显示边距”按钮和“缩放到页面”按钮，预览区显示边距及放大显示页

面，设置完成后，单击“打印”按钮。

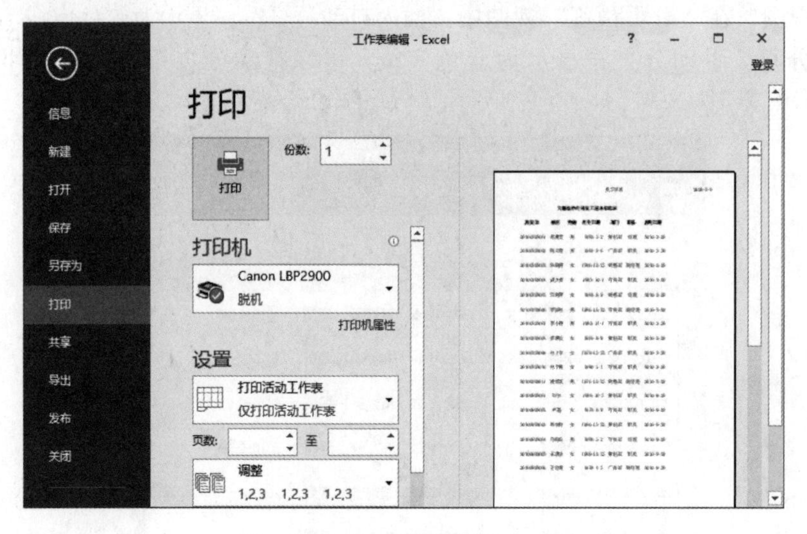

图3-29 “打印”界面

项目二 单元格格式

单元格格式主要包括行高列宽、数字格式、对齐方式、边框底纹、样式、条件格式等。

任务1 行 高 列 宽

实例 3.11 打开“单元格格式”工作簿，选择“行高列宽”工作表，完成下列格式设置。

(1) 设置 3~5 行，行高 20 像素。

(2) 设置 6~8 行，自动调整行高。

(3) 隐藏 9~10 行。

操作步骤：

① 设置行高：选择 3~5 行，单击“开始”选项卡→“单元格”组→“格式”下拉按钮，在列表框框中选择“行高”，或者选择快捷菜单“行高”，弹出“行高”对话框，在“行高”文本框中，输入“20”，如图 3-30 所示。

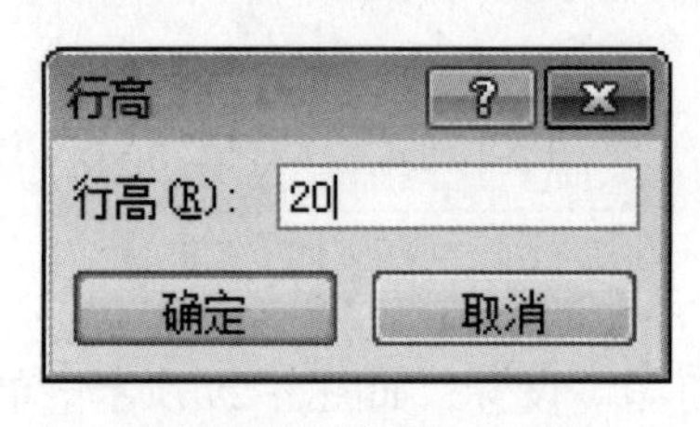

图3-30 “行高”对话框

② 自动调整行高：选择 6~8 行，单击“开始”选项卡→“单元格”组→“格式”下拉按钮，在列表框中，选择“自动调整行高”。

③ 隐藏行：选择 9~10 行，单击“开始”选项卡→“单元格”组→“格式”下拉按钮，在列表框中，选择“隐藏或取消隐藏”→“隐藏行”。

任务2 数 字

实例 3.12 打开“单元格格式”工作簿，选择“数字格式”工作表，完成下列格式设置。

(1)“工资”区域 H3 : H22 格式，应用“货币（￥8,698.00）”格式，并保留 2 位小数。

(2) “出生日期”区域 D3 : D22 格式，应用“长日期（1983 年 7 月 2 日）”格式。

操作步骤：

方法 1：

① 设置货币格式：选择区域 H3 : H22，单击“开始”选项卡→“数字”组→“数字格式”下拉按钮，在列表框中，选择“货币”样式，如图 3-31 所示。

图 3-31 “数字”列表框

② 设置日期格式：选择区域 D3 : D22，单击“开始”选项卡→“数字”组→“数字格式”下拉按钮，在列表框中，选择“长日期”样式。

方法 2：

① 设置货币格式：选择区域 H3 : H22，单击“开始”选项卡→“数字”组→“设置单元格格式 数字”按钮，弹出“设置单元格格式”对话框，定位“数字”选项卡。在“分类”列表框中。选择“货币”类型，在“小数倍数”微调框中调整 2 位小数（默认为 2 位小数），选择货币符号“￥”，负数的显示形式“（￥1,234.10）”（以红色括号形式显示负数），如图 3-32 所示，单击“确定”按钮。

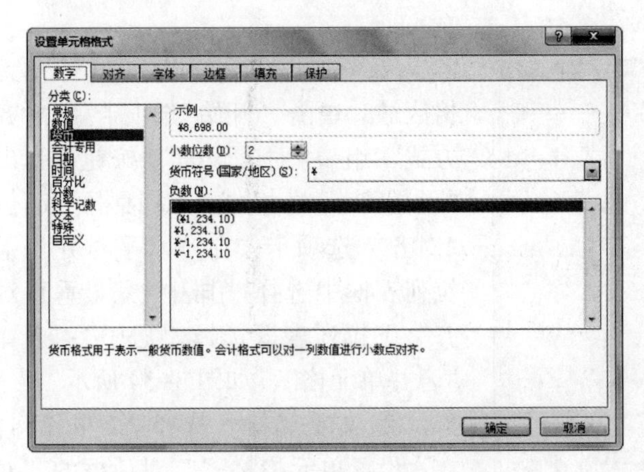

图 3-32 设置单元格数值显示格式

② 设置日期格式：选择区域 D3 : D22，在“设置单元格格式”对话框中，定位“数字”选项卡，在“分类”列表框中，选择“日期”选项。在“类型”列表框中选择“＊2012 年 3 月 14 日”，如图 3-33 所示，单击“确定”按钮。

任务3 对 齐

实例 3.13 打开“单元格格式”工作簿，选择“对齐方式”工作表，设置 A1 : H1 单元区域合并后居中，垂直方向居中。A2 单元格文字竖排。

操作步骤：

方法 1：

① 设置对齐方式：选择 A1 : H1 单元格区域，单击“对齐方式”组→“合并后居中”。

图 3-33　设置单元格日期格式

② 设置文本竖排：选择 A2 单元格，单击“对齐方式”组→“方向”→“竖排文字”。

方法 2：

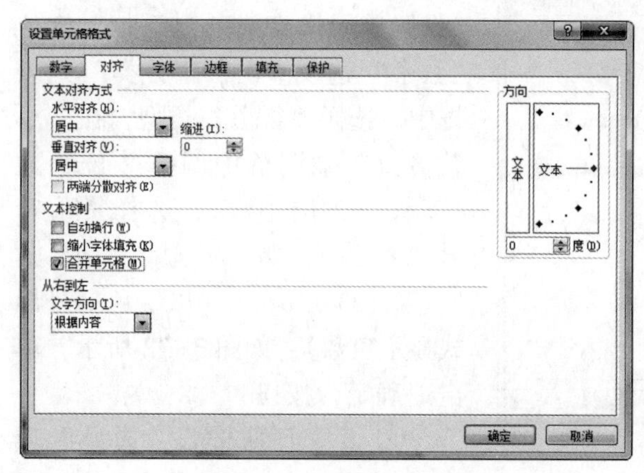

图 3-34　设置单元格对齐方式

① 对齐方式：单击 A1 : H1 单元格区域，单击“开始”选项卡→“对齐方式”组→“对齐设置”按钮，弹出“设置单元格格式”对话框，定位“对齐”选项卡，在“水平对齐”下拉列表框中选择“居中”，“垂直对齐”下拉列表框选择“居中”；选择“合并单元格”，如图 3-34 所示。

② 文字竖排：选择 A2 单元格，在“设置单元格格式”对话框的“对齐方式”选项卡中，单击“方向”区域中的“文本”按钮。

任务 4　字　　体

实例 3. 14　打开“单元格格式”工作簿，选择“字体格式”工作表，设置 A1 单元格的字体为“隶书”，字形为“加粗”，字号为“16”。

操作步骤：

方法 1：选择 A1 单元格，单击“开始”选项卡→“字体”组→“字体”下拉按钮，选择“隶书”，单击“字号”下拉按钮，选择“16”（或者直接输入 16），单击“字形”下拉按钮，选择“加粗”。

方法 2：选择 A1 单元格，单击“开始”→“字体”组→“设置单元格格式 字体”按钮，弹出“设置单元格格式”对话框的“字体”选项卡，一次性完成设置，如图 3-35 所示。

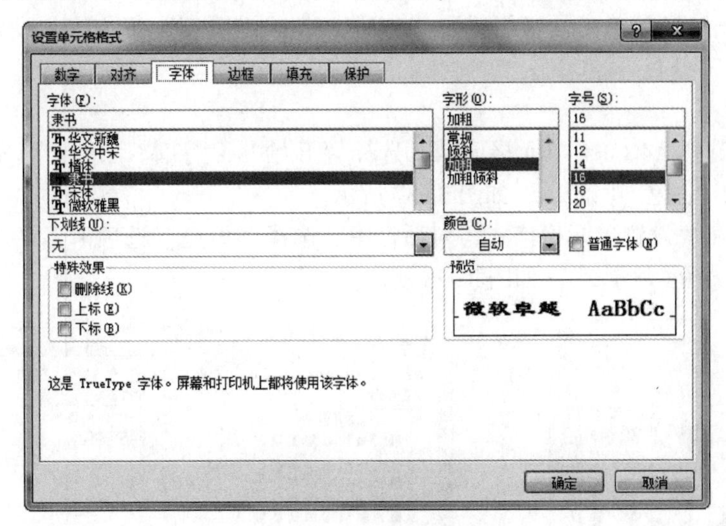

图 3-35　“字体”选项卡

任务 5　边　框

实例 3.15　打开“单元格格式”工作簿，选择“边框”工作表，设置 C2∶G2 区域上下边框，上边框为粗实线，下边框为细实线，颜色为浅蓝。

操作步骤：

选择 C2∶G2 区域，单击“开始”选项卡→“字体”→“边框”→“其他边框”，或者快捷菜单“设置单元格格式”，弹出“设置单元格格式”对话框的“边框”选项卡，在“样式”列表框中，选择第 2 列第 5 行粗实线，在“颜色”列表框中，选择“标准色”中“蓝色”，在“边框”区域中，单击“上边框”按钮，或者预览中的上边框位置，如图 3-36 所示。同理，设置下边框。

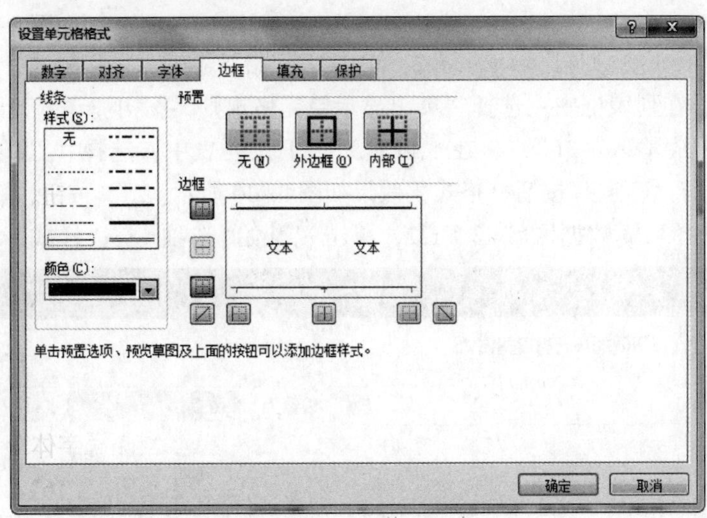

图 3-36　设置单元格边框

任务6 填　充

实例 3.16 打开“单元格格式”工作簿，选择“填充”工作表，设置 A4：H4 区域填充颜色为“茶色 背景 2”。

操作步骤：

方法 1：选择 A4：H4 单元格区域，选择“开始”→“字体”组→“填充颜色”→“主题颜色”中的“茶色 背景 2”，如图 3-37 所示。

方法 2：在“设置单元格格式”对话框中，选择“填充”选项卡，在“背景色”列表中，选择“茶色 背景 2”，如图 3-38 所示。

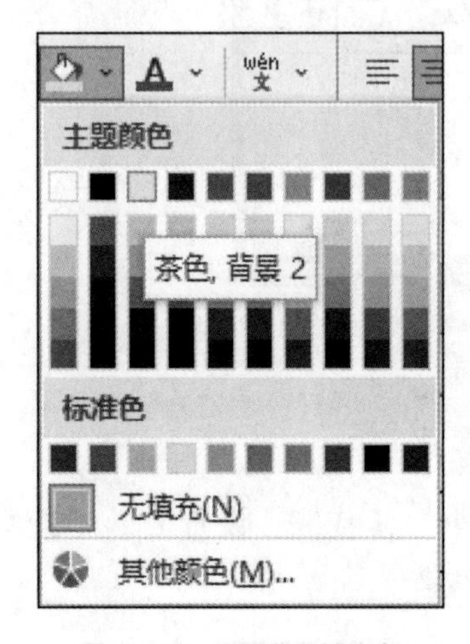

图 3-37　设置背景填充色

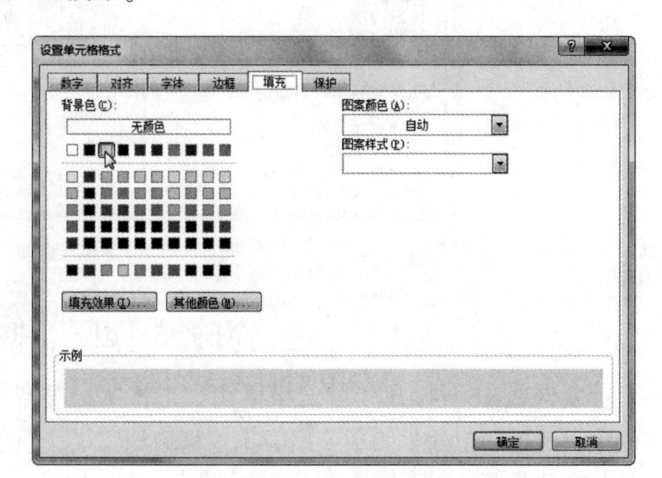

图 3-38　设置单元格底纹格式

任务7 条 件 格 式

实例 3.17 打开“单元格格式”工作簿，选择“条件格式”工作表，设置条件格式，条件：“工资小于 7000 元”，格式：“红色”。

操作步骤：

方法 1：选择工资数据区域 I3：I22，单击“开始”选项卡→“样式”组→“条件格式”下拉按钮，在列表框中，选择“突出显示单元格规则”→“小于”，弹出“小于”对话框，在文本框中输入“7000”，在“设置为”下拉列表中，选择“红色文本”，如图 3-39 所示。单击“确定”按钮，格式化效果如图 3-40 所示。

方法 2：选择工资数据区域 I3：I22，单击“开始”选项卡→“样式”组→“条件格

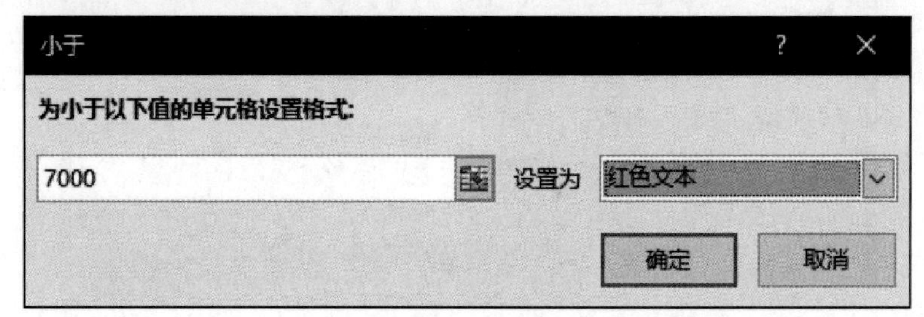

图 3-39　“小于”对话框

雇员ID	姓名	性别	出生日期	部门	职务	雇用日期	身份证号	工资
20100328001	周夏莹	男	1983/7/2	策划部	经理	2010/3/28	[illegible]	¥8,698.00
20100328002	陈云霞	男	1984/8/6	广告部	职员	2010/3/28	[illegible]	¥5,965.52
20100328003	洪晓婷	女	1986/12/25	销售部	副经理	2010/3/28	[illegible]	¥7,458.63
20100328004	黄大勇	女	1983/10/1	开发部	职员	2010/3/28	[illegible]	¥6,542.50
20100328005	江树萍	女	1984/8/9	销售部	经理	2010/3/28	[illegible]	¥9,875.50
20100328006	李国林	男	1986/12/25	开发部	副经理	2010/3/28	[illegible]	¥6,523.56
20100328007	李小静	男	1983/11/1	开发部	职员	2010/3/28	[illegible]	¥4,563.00
20100328008	梁慧仪	女	1981/8/9	策划部	职员	2010/3/28	[illegible]	¥4,563.52

图 3-40　设置条件格式效果

式”下拉按钮，在列表框中，选择“新建规则”，弹出“新建格式规则”对话框，新建规则，如图 3-41 所示。

图 3-41　“新建格式规则”对话框

任务8 清　　除

实例3.18 打开“单元格格式”工作簿，在“清除”工作表中，清除所有单元格格式。

操作步骤：

全选，单击“开始”选项卡→“编辑”组→“清除”下拉按钮，在列表框中选择“清除格式”。

提示：

“清除”命令可以清除单元格格式、内容、批注、超链接等。格式包括字符格式、数字格式、条件格式、底纹和边框等，清除格式后，还原到单元格默认格式。

项目三　公式与函数

在工作表中，计算统计等工作是普遍存在的，这些需要输入公式完成，公式通过计算后，返回计算结果，显示在公式所在的单元格。

任务1 公　　式

1. 公式

公式以“=”开头，等号后是参与运算的常量、运算符、单元格引用和函数等。默认设置下，单元格输入公式后，显示的是公式运行的结果，编辑栏显示是公式本身。

2. 表达式

表达式指公式后面的式子，由常量、运算符、单元格引用和函数等组成。

3. 常量

常量是指在公式中不会发生变化的量，例如数字“30”，文本“计算机”，逻辑值“TRUE”等。

4. 运算符

运算符用于对公式中的操作数进行特定类型的运算。包括4类，即算术运算符、文本运算符、比较运算符和引用运算符。

（1）算术运算符　算术运算符进行算术运算，参与运算的是数字型数字，运算结果也是一个数字型数字，算术运算符含义及示例见表3-3，表中运算符按优先级先后排列。

表3-3　　算术运算符含义及示例

运算符	含　义	示　例
-	负号	-A1
%	百分比	A1%、A1%+A2
^	乘方运算	A1^2
+、-	加法运算、减法运算	A1+A2、A1-A2
*、/	乘法运算、除法运算	A1 * A2、A1/A2

(2) 文本运算符　文本连接运算符为 and 号“&”，合成左右两个字符串。公式中的参数如果是字符型常量，则必须加一对英文半角双引号（""）。如果是数字则自动转换为文本再连接。例:"计算机" & 12，计算结果为 "计算机 12"。

(3) 比较运算符　比较运算符是二元运算符，比较两个数据为同种类型，结果是一个逻辑值“TRUE”或“FALSE”。比较运算符的含义及示例如表 3-4 所示，各运算优先级均相同。

表 3-4　比较运算符含义及示例

运算符	含　义	示　例
=	等于	A1=A2
>、>=	大于、大于等于	A1>A2、A3>=A4
<、<=	小于、小于等于	A1<A2、A1<=A2
<>	不等于	A1<>A2

(4) 引用运算符　引用运算符可以将单元格合并计算，包括空格、逗号和冒号。引用运算符为两元运算符，两边均为单元格名或区域名，运算结果为合并后的新区域。

引用运算符的含义及示例如表 3-5 所示。

表 3-5　引用运算符含义及示例

运算符	含　义	示例
：	区域运算符,产生一个对包括在两个引用之间的所有单元格的引用	A1：A5
，	联合运算符,将两个引用合并为一个引用,是两个引用的所有区域,如果两个引用中有重叠区域,则重复计算两次	A1：A2,A4：A6
(空格)	交集运算符,产生一个对两个引用中共有的引用	A1：A4 A3：A6

(5) 运算次序　如果公式中同时用到多个运算符，Excel 将按如下所示的顺序进行运算：

-(负号)、%、^、*和/、+和-(减号)、&、比较运算符（=、<、>、<=、>=、<>），如果公式包含相同优先级的运算符，则从左到右进行运算。

如果要改变运算过程的顺序，可将公式中要先计算的部分用括号括起来。

例如公式“=(B4+C4)/(D4-F4)”，首先计算 B4+C4，然后计算 D4-F4，前后计算结果再相除。

5. 单元格引用

Excel 中，数据都保存在单元格中，可以通过单元格的地址引用单元格数据，可以引用同表单元格，或者同工作簿不同表的单元格，甚至不同工作簿中工作表的单元格，达到数据共享的目的。单元格的引用分为相对引用、绝对引用、混合引用。

(1) 相对引用　通过复制得到一组公式，在这组公式中，如果公式所在单元格与被引用单元格的相对位置保持不变，则使用相对引用。如公式“=B3 * 30%+C3 * 70%”中，B3、C3 单元格引用为相对引用。

相对引用是指公式复制到新单元格时，单元格引用随公式所在新单元格而变化，但始终维持公式新单元格与被引用的单元格之间的相互位置不变。

（2）绝对引用　通过复制得到一组公式，在这组公式中，如果需要引用某个固定单元格中的数据，则使用绝对引用。

绝对引用是指把公式复制到新位置时单元格引用保持不变。绝对引用的单元格形式是，在行号与列标前加“ $ ”符号，如“ H3”，符号“ $ ”像一条链条，锁住单元格的变化。

（3）混合引用　混合引用只保持行或列地址不变，即在一个单元地址中，既有相对地址又有绝对地址。即绝对列对相对行，或是绝对行对相对列，例“ $A1”“A$1”的形式。复制公式时，相对引用改变，而绝对引用不变。

任务 2　公式输入与填充

实例 3.19　打开“公式与函数”工作簿，选择“公式”工作表，在“D3”单元格输入“总评公式”：D3＝平时成绩×30%+期末成绩×70%，并填充 D4 至 D8。

操作步骤：

① 公式输入：选择 D3，直接输入“＝B3＊30%+C3＊70%”；或者输入“＝”，选择“B3”单元格，输入“＊30%+”，选择“C3”，输入“＊70%”（在公式输入过程中，单击单元格获取单元格地址，比直接输入方便且不易出错），按“Enter”键。

D3 单元格中显示公式计算结果，编辑栏中显示当前单元格的公式，如图 3-42 所示。

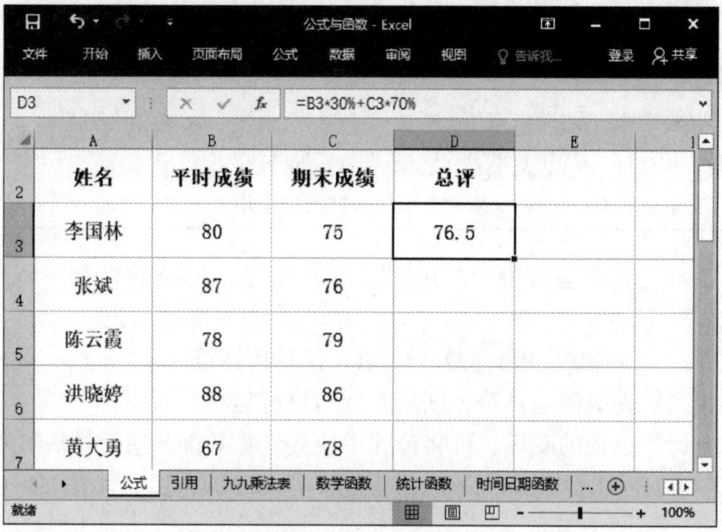

姓名	平时成绩	期末成绩	总评
李国林	80	75	76.5
张斌	87	76	
陈云霞	78	79	
洪晓婷	88	86	
黄大勇	67	78	

图 3-42　输入总评公式

② 公式填充：选择“D3”单元格，在选中单元格边框右下角有一个方框，称为“填充柄”，用鼠标左键按住“填充柄”，往下拖直到 D8 单元格，如图 3-43 所示。

提示：

（1）填充单元格，相当于公式复制粘贴。

（2）双击公式所在单元格，单元格处于编辑状态，可以看到被该公式引用的所有单元格或单元格区域将以不同的颜色显示在公式单元格中，并在相应的单元格或单元格区域显示相同颜色的边框。便于用户检查并修改单元格或单元格区域的引用，如图 3-44 所示。

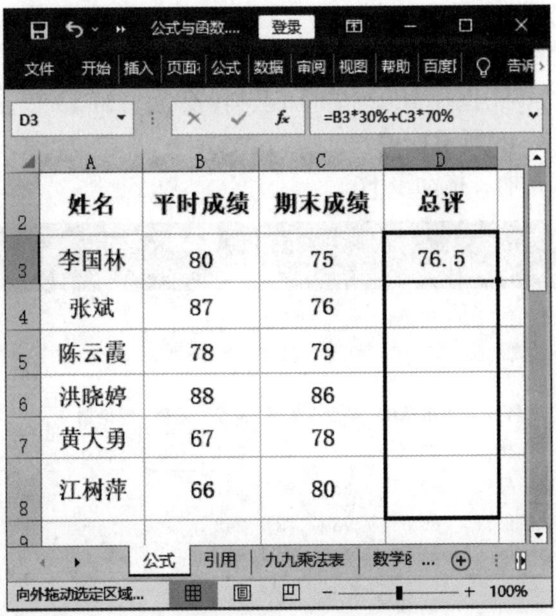
公式与函数....
登录
文件 开始 插入 页面 公式 数据 审阅 视图 帮助 百度 告诉
D3
=B3*30%+C3*70%
姓名 平时成绩 期末成绩 总评
李国林 80 75 76.5
张斌 87 76
陈云霞 78 79
洪晓婷 88 86
黄大勇 67 78
江树萍 66 80
公式 引用 九九乘法表 数学函
向外拖动选定区域...
100%

图 3-43　公式填充

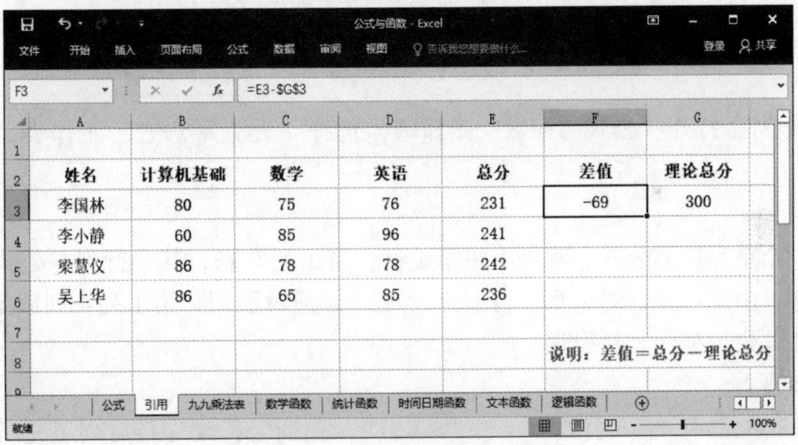
公式与函数 - Excel
文件 开始 插入 页面布局 公式 数据 审阅 视图
登录 共享
F3
=E3-G3
姓名 计算机基础 数学 英语 总分 差值 理论总分
李国林 80 75 76 231 -69 300
李小静 60 85 96 241
梁慧仪 86 78 78 242
吴上华 86 65 85 236
说明：差值＝总分－理论总分
公式 引用 九九乘法表 数学函数 统计函数 时间日期函数 文本函数 逻辑函数
就绪
100%

图 3-44　公式单元格

任务 3　公式引用

实例 3.20　打开“公式与函数”工作簿，选择“引用”工作表，计算总分和差值，差值=理论总分-总分。

操作步骤：

① 计算总分：E3＝B3+C3+D3。

由于各总分等于公式所在单元格左边三个单元格的引用之和，引用单元格的行与公式所在单元格的行相同，三个单元格引用时，采用相对引用，选择 E3，输入“＝”，选择 B3，输入“+”，选择 C3，输入“+”，选择 D3，完成公式输入。选择 E3，按住填充柄，拖动至 E6。

② 计算差值：F3＝ E3-G3。

由于“差值”=“理论总分”-“总分”，“理论总分”为固定单元格，采用绝对引用，总分是变化单元格，采用相对引用。

选择 F3，输入“=”，选择 H3，按 F4 键，转换为“E3”，输入“-”，选择 G3，完成公式输入，如图 3-45 所示。

选择 F3，按住填充柄，拖动至 F6。

公式与函数.xlsx - Excel

F3　=E3-G3

姓名	计算机基础	数学	英语	总分	差值	理论总分
李国林	80	75	76	231	-69	300
李小静	60	85	96	241		
梁慧仪	86	78	78	242		
吴上华	86	65	85	236		

说明：差值=总分-理论总分

图 3-45　公式输入

实例 3.21　打开“公式与函数”工作簿，选择“九九乘法表”工作表，制作“九九乘法表”。

分析：

任意一个单元格的公式，都是引用第 1 行，第 1 列数据，其余行列与公式所在单元格行列相同，由此可知，第 1 行，行固定“$1”，绝对引用；第 1 列，列固定“$A”，绝对引用，其余行列为相对引用。

操作步骤：

选择 B2 单元格，输入公式“= $A2 * B$1”，先列后行或先行后列填充所有数据区域，如图 3-46 所示。

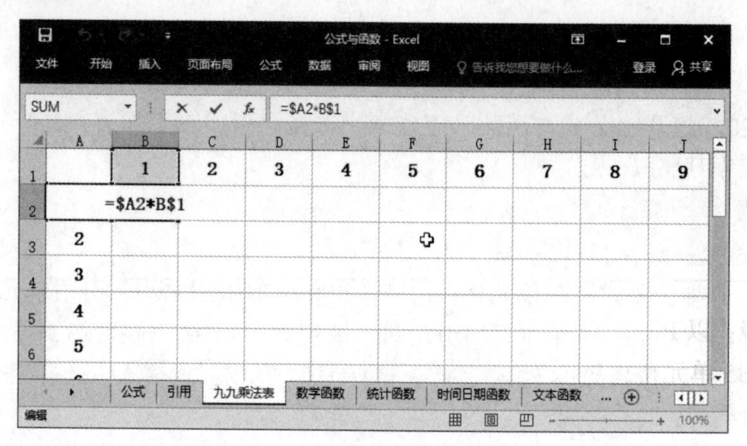

图 3-46　九九乘法表公式的输入

任务4　数学函数

函数是一些预定义的计算程序，是公式的组成部分，参与公式的计算，其功能是完成指定任务的计算。每个函数都有函数名和对应的参数，运算后，返回函数值。函数名、参数、返回值，即为函数的三要素。

函数的一般格式：函数名（<参数 1>，<参数 2>，<参数 3>，……）

常用数学函数见表 3-6。

表 3-6　常用数学函数

函数名称	格式	功能
绝对值函数	ABS(Number)	返回 Number 参数的绝对值
取整函数	INT(Number)	将 Number 参数向左取整为最接近或相等的整数
四舍五入函数	ROUND(Number,Num_digits)	ROUND 函数是对 Number 参数按 Num_digits 参数的位数进行四舍五入,注意此参数不能省略,没有默认值。如果 Num_digits 等于 0,则四舍五入到最接近的整数。如果 Num_digits 小于 0,则在小数点左侧进行四舍五入
平方根函数	SQRT(Number)	计算参数 Number 的平方根
圆周率函数	PI()	返回圆周率 π 的数值,是个无参函数
随机函数	RAND()	随机产生一个大于等于 0 及小于 1 的数,注意产生的随机数可以等于 0,但不会等于 1。每次打开工作簿时都会更新结果
求和函数	SUM(Number1,Number2,...)	返回所有参数 Number1、Number2,……的和
条件求和函数	SUMIF(Range,Criteria,Sum_range)	根据指定的条件,对指定的单元格区域求和

实例 3.22　选择“数学函数”工作表，输入各单元公式，公式如表 3-7 所示。

表 3-7　各单元格公式

公式说明	公式所在单元格	公式
x 四舍五入,保留 2 位小数	B2	=ROUND(B1)
x 平方根	B3	=SQRT(B1)
以 x 为半径计算圆的面积	B4	=B1 * B1 * PI()
生成[1,100]间随机整数	B5	=INT(RAND() * 100)+1
工资总和	F9	=SUM(F2:F8)

操作步骤：以 B5 单元格函数为例。

① 选择 B5 单元格，单击“公式”选项卡→“函数库”组→“数学和三角函数”下拉按钮，在列表框中，选择“INT”，弹出“函数参数”对话框，如图 3-47 所示。

② 输入嵌套的内层函数：单击“名称框”下拉按钮（公式编辑状态，名称框转换

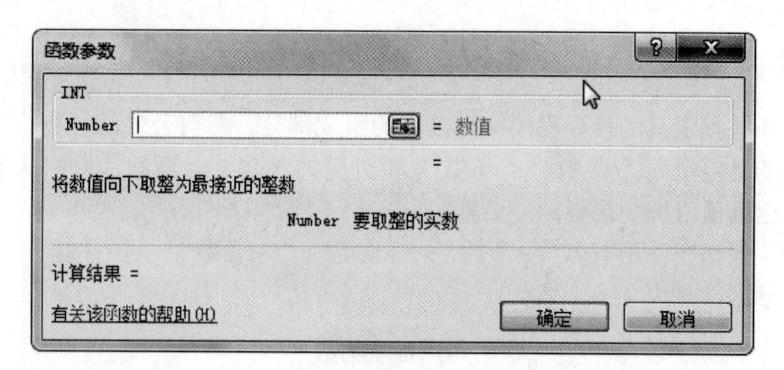

图 3-47 “函数参数”对话框

为函数列表框)，在函数列表框中，选择“其他函数”，弹出“插入函数”对话框，选择类别“数学与三角函数”，在“选择函数”列表框中，选择“RAND”函数，如图 3-48 所示。

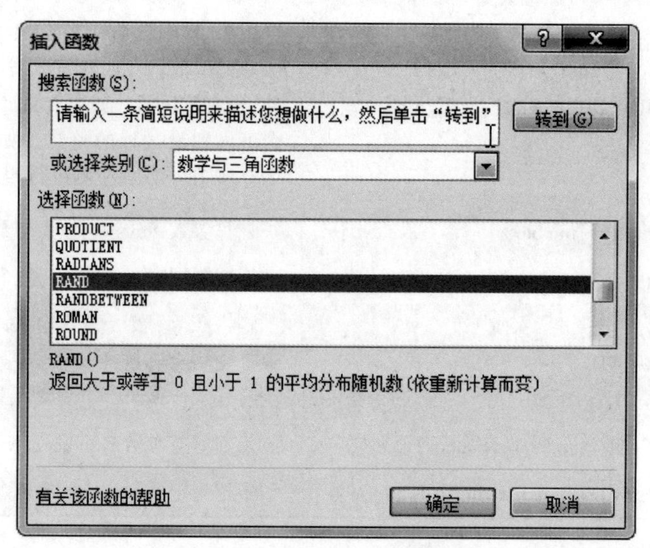

图 3-48 “插入函数”对话框

③ 单击“确定”按钮，弹出“函数参数”对话框，如图 3-49 所示，此时，不要单击“确定”按钮，如果单击，将结束整个函数的输入。

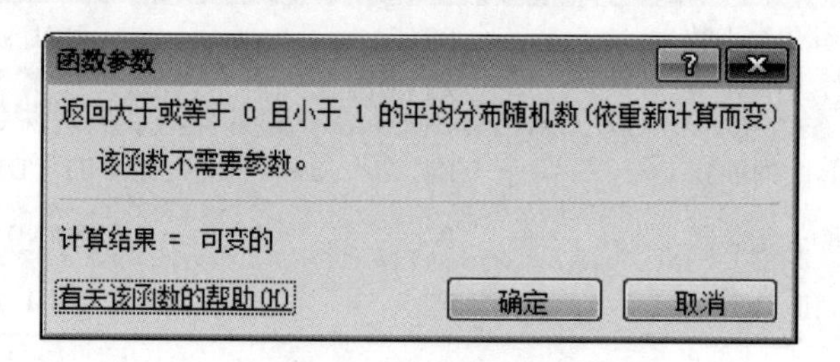

图 3-49 “函数参数”对话框

④ 单击外层“INT”函数名，返回 INT“函数参数”对话框，在“Number”文本框中，接着输入“RAND ( ) * 100”，如图 3-50 所示。

⑤ 单击“编辑栏”，接着输入“+1”，单击“函数参数”对话框中的“确定”按

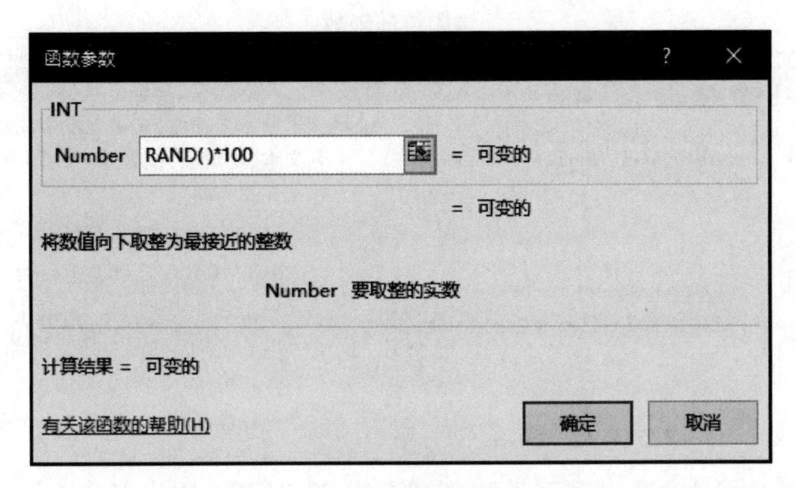

图 3-50　切换“函数参数”对话框

钮，完成公式的输入，如图 3-51 所示。

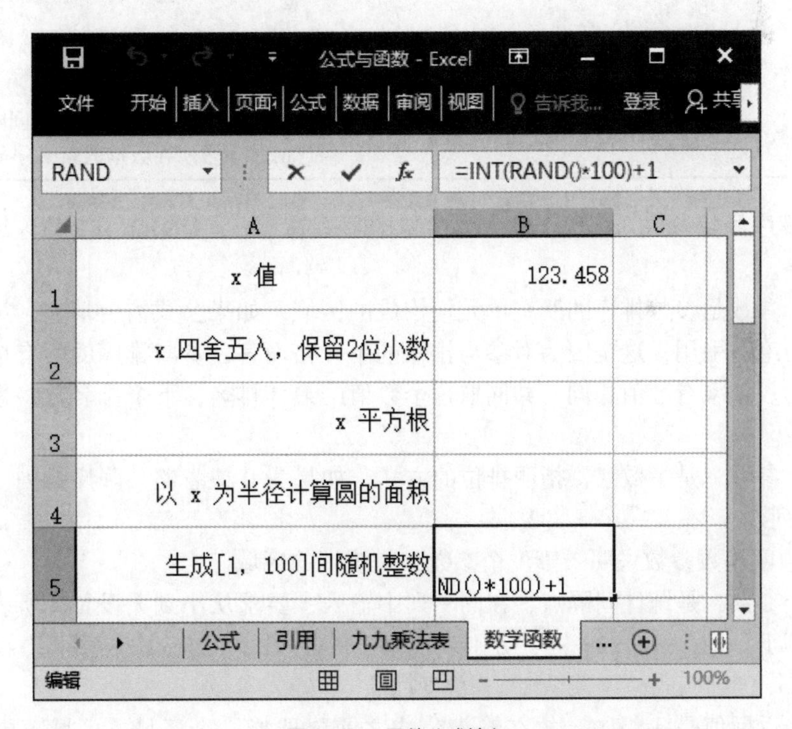

图 3-51　函数公式输入

提示：

双击公式所在单元格，进入公式编辑状态，在编辑栏中，单击函数名，再单击“插入函数”按钮，弹出对应函数的“函数参数”对话框。单击公式中不同的函数名，“函数参数”对话框随之切换。

任务 5　统计函数

常用统计函数见表 3-8。

表 3-8　　常用统计函数

函数名称	格　式	功　能
平均值函数	AVERAGE(Number1,Number2,…)	求算术平均值,如果参数引用的单元格内有文本、逻辑值,或者是空白的单元格,则这些单元格忽略不计
计数函数	COUNT(Value1,Value2,…) COUNTA(Value1,Value2,…)	都是用于统计个数 COUNT 函数是统计引用参数内数值型的单元格个数 COUNTA 函数统计非空单元格的个数,不考虑单元格是什么数据类型
条件计数函数	COUNTIF(Range,Criteria)	条件计数函数,计算在 Range 范围内符合 Criteria 条件的单元格数目
最大值函数	MAX(Number1,Number2,…)	返回参数中的最大值
最小值函数	MIN(Number1,Number2,…)	返回参数中的最小值
排位函数	RANK. EQ(Number,Ref,Order)	返回指定数字在一列数字中相对于其他数值的大小排名,如果多个数值排名相同,则返回该组数值的最佳排名
频率分布函数	FREQUENCY(Data_array,Bins_array)	按照 Bins_array 参数设置的间隔,计算 Data_array 参数所在数据的频率分布

（1）排序函数参数　第 1 个参数为参与排序的单元格，是第 2 个参数区域中需要排名的单元格。

第 2 个参数是参与排序的所有单元格构成的区域。如果公式需要填充，第 2 个参数必须转换为绝对引用，这是因为对参与排序的单元格而言，参与排序的所有单元区域是固定不变的。如果有数值相同，共同取这个数值的最佳排名，下个排名数将累加上次排名重复次数。

第 3 个参数，是一数字，指明排位的方式，如果为 0 或省略，降序排列，如果不为 0，升序排列。

（2）频度函数参数说明　第 1 个参数，是统计的区域。

第 2 个参数，是统计间隔点，在同一列中输入，要求从小到大设置，所表示的范围是小于或等于。例，x1，x2，x3，分别表示小于等于 x1，大于 x1 小于等于 x2，大于 x2 小于等于 x3，大于 x3。

函数的返回值是一组数，故在输入公式之前要选择一个区域，区域范围比 Bins_array 参数向下多一个单元格。公式输入完成后要按“Ctrl+Shift+Enter”键，而不是按回车键，也不是单击“确定”按钮。

实例 3. 23　选择“统计函数”工作表，输入单元格公式，公式如表 3-9 所示。

操作步骤：以频率分布函数为例。

① 确定分段值，分段值是对应区域的最大值，对于“基本工资”，由于只需两位小数，各段的最大值，即分段值分别为 999. 99，1999. 99，2999. 99，3999. 99，4999. 99，表示 6 分段，最后 1 个分段是默认的，表示大于最后一个分段值情形，不必输入，如图 3-52 所示。

表 3-9　　　　　　　　各单元格函数

公式说明	单元格	公式
基本工资平均值	C10	=AVERAGE(C2：C8)
发放工资的人数	C11	=CONUT(C2：C8)
开发部的人数	C12	=COUNTIF(B2：B8,“开发部”)
基本工资最大值	C13	=MAX(C2：C8)
基本工资最小值	C14	=MIN(C2：C8)
排序	D2	=RANK.EQ(C2,C2：C8)
统计数	{H2:H7}	{=FREQUENCY(C2：C8,G2：G6)}

公式与函数.xlsx

	A	C	E	F	G	H
1	姓名	基本工资		分数段	分界值	统计数
2	陈云霞	2436.70		>1000	999.99	
3	洪晓婷	5643.78		>=1000,<2000	1999.99	
4	黄大勇	4327.83		>=2000,<3000	2999.99	
5	江树萍	6754.64		>=3000,<4000	3999.99	
6	李国林	3564.32		>=4000,<5000	4999.99	
7	李小静	1432.57		>=5000		
8	梁慧仪	4537.48				

引用　九九乘法表　定义名称　数学函数　统计函数　时间日期函数

图 3-52　频率分布函数输入

② 输入函数，选择 H2：H7 区域（比分段区域向下多一个单元格），单击“公式”选项卡→“函数库”组→“其他函数”下拉按钮，在函数列表框中，选择“统计”→“FREQUENCY”，弹出“函数参数”对话框，Data_ array 参数为统计数的区域，Bins_ array 参数为分段区域，如图 3-53 所示。

③ 按“Ctrl+Shift+Enter”键，结束公式的输入。切记不要单击“确定”按钮。

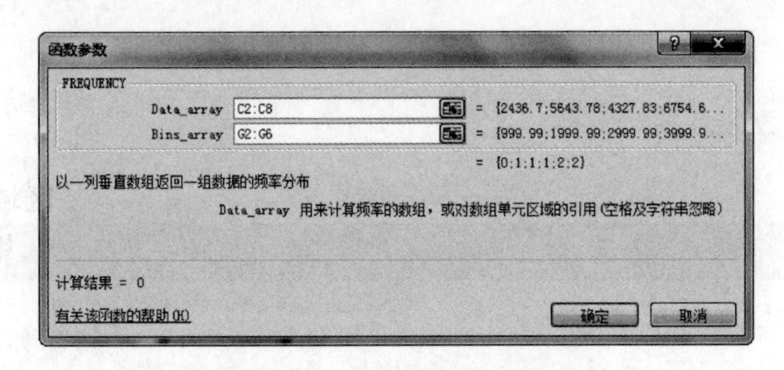

图 3-53　“函数参数”对话框

任务 6　日期时间函数

常用日期时间函数见表 3-10。

表 3-10　　　　常用日期时间函数

	单元格	公　式
年月日转换为日期函数	DATE(Year,Month,Day)	返回年月日组合的日期,如果输入的 Month 值超出了 12,Day 值超出了该月的最大天数时,函数会自动顺延
时分秒转换为时间函数	TIME(Hour,Minute,Second)	返回时分秒组合的时间。时间也可以以小数形式显示
日期转换为年月日	YAER(Serial_number) MONTH(Serial_number) DAY(Serial_number)	分别返回序列数的年、月、日
日间转换为时分秒	HOUR(Serial_number) MINUTE(Serial_number) SECOND(Serial_number)	分别返回序列数的时、分、秒
系统日期时间函数	NOW()	返回当前日期和时间
系统日期函数	TODAY()	返回当前日期

实例 3.24　选择“日期时间函数”工作表中，输入单元格公式，公式如表 3-11 所示。

表 3-11　　　　日期时间函数公式

公式说明	公式所在单元格	公式
合成日期	B3	=DATE(A2,B2,C2)
取当前日期	B4	=TODAY(B4)
提取当前年	B5	=YEAR(B4)
提取当前月	B6	=MONTH(B4)
提取当前日	B7	=DAY(B4)

操作步骤：(略)。

任务 7　文 本 函 数

常用文本函数见表 3-12。

表 3-12　　　　文本函数

函数名称	格　式	功　能
左截取函数	LEFT(Text,Num_chars)	从左起截取 Num_chars 个字符 一个汉字、一个数字等符号,都只计算为一个字符
右截取函数	RIGHT(Text,Num_chars)	从右起截取 Num_chars 个字符 一个汉字、一个数字等符号,都只计算为一个字符
中间截取函数	MID(Text,Start_num,Num_chars)	返回字符串参数 Text 中从 Start_num 位置开始的 Num_chars 个字符
文本的长度	LEN(Text)	返回文本字符串中的字符个数。文本字符不区分中英文,每个字符计算为 1,包括空格

实例 3. 25　选择“文本函数”工作表，输入公式，如表 3-13 所示。

表 3-13　　文本函数公式

公式说明	单元格	公　式
提取姓	B4	=LEFT(B1,1)
提取名	B5	=RIGHT(B1,2)
姓名长度	B6	=LEN(B1)
身份证长度	B7	=LEN(B2)
出生年	B8	=MID(B2,7,4)

操作步骤：（略）。

任务 8　逻 辑 函 数

常用逻辑函数见表 3-14。

表 3-14　　逻辑函数

函数名称	格　式	功　能
逻辑非	NOT(Logical)	对参数求相反的逻辑值,即如果参数值为 FALSE,则 NOT 函数返回 TRUE;如果参数值为 TRUE,则 NOT 函数返回 FALSE
逻辑与	AND(Logical,Logical2,……)	在所有参数中,只要有一个参数的逻辑值为 FALSE,则结果为 FALSE;如果所有参数的逻辑值都为 TRUE,结果才为 TRUE 函数的参数必须为逻辑值(TRUE 或 FALSE),如果引用参数中包含文本或空白单元格,则这些单元格会被忽略不计。 注意:对于数值的逻辑值,如果数值为“0”,则逻辑值为“TRUE”,否则为“FALSE”
逻辑或	OR(Logical1,Logical2,……)	在所有参数中,只要有一个参数的逻辑值为 TRUE,则结果为 TRUE;如果所有参数的逻辑值都为 FALSE,结果才为 FALSE 函数的参数必须是逻辑值(TRUE 或 FALSE),如果引用参数中包含文本或空白单元格,则这些单元格会被忽略不计
条件	IF(Logical_test,Value_if_true,Value_if_false)	Logical_test 参数是一个结果为 TRUE 或 FALSE 的表达式,如果其结果为 TRUE,则该函数返回 Value_if_true;否则返回 Value_if_false

实例 3. 26　选择“逻辑函数”工作表，完成公式的输入。

成绩大于等于 80 分，为“优”；大于等于 60 分小于 80 分，为“中”；小于 60 分为“不及格”。

单元格公式如下：

优　　C2=IF（A2>=80，“优”）

等级 D2=IF（A2>=80，“优”，IF（A2>=60，“中”，“不及格”））

等级公式说明：对于多级，先以 80 分为界，划分为一级，两种情形，大于 80 分，为“优”；小于 80 分，以 60 分为界，划分为二级，两种情形，大于 60 分，为“中”；小于 60 分，为“不及格”。

操作步骤：以“等级”公式为例。

① 选择单元格 C2，单击“公式”选项卡→“函数库”组→“逻辑”下拉按钮，在函数列表框中，选择“IF”；或直接输入“=IF（）”，单击编辑栏“插入函数”按钮，弹出“函数参数”对话框，如图 3-54 所示。

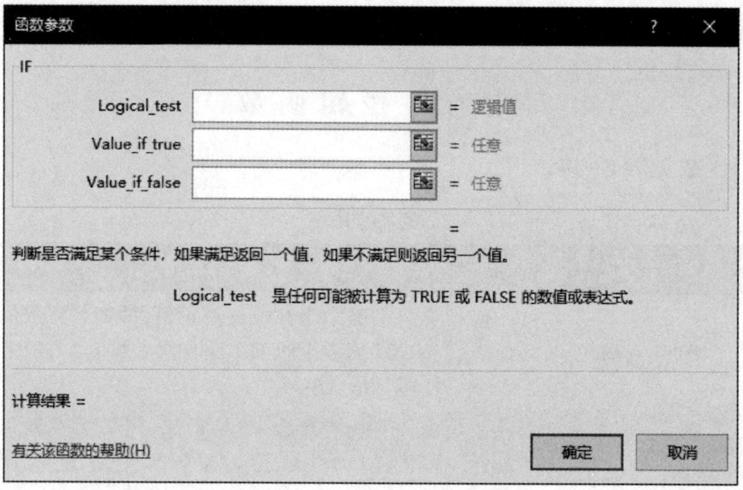

图 3-54 “函数参数”对话框

② 定位“Logical_test”文本框，单击“B2”，获取 B2 引用，接着输入“>=80”。

定位“Value_if_true”文本框，输入“优”，系统自动添加双引号。

定位“Value_if_false”文本框，输入“IF（）”，如图 3-55 所示。

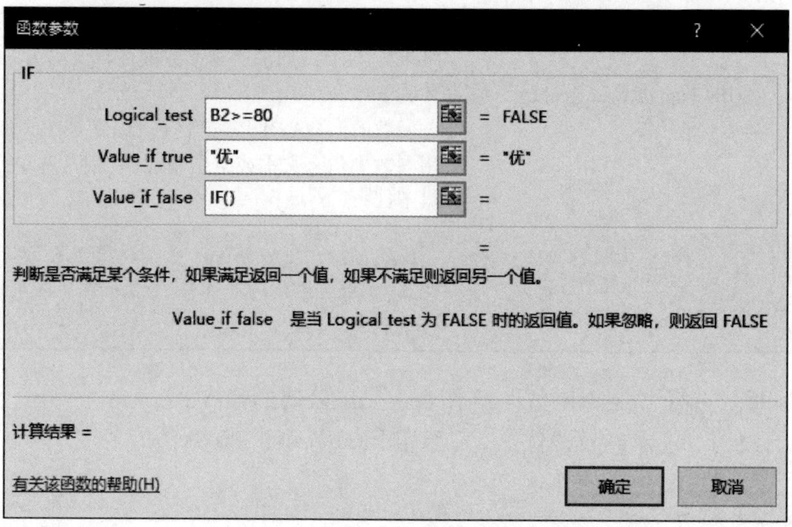

图 3-55 外层“函数参数”的输入

③ 单击“编辑栏”内嵌的“IF（）”函数名，进入内层的 IF“函数参数”对话框，输入对应参数，如图 3-56 所示。切记不要单击“确定”按钮，否则结束函数的输入。

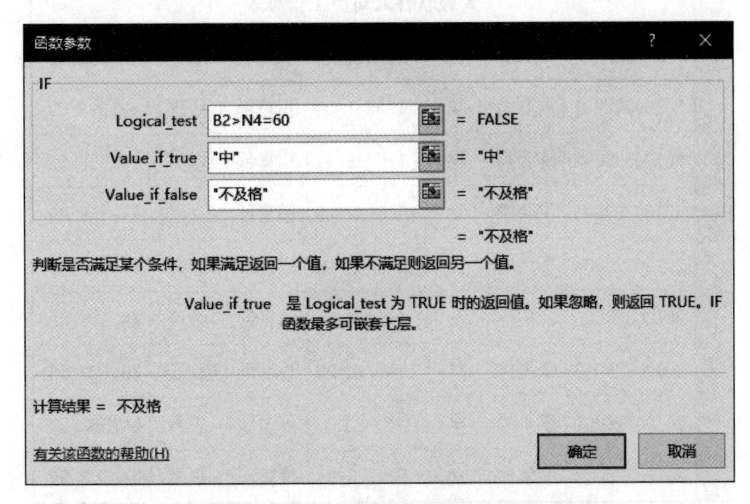

图 3-56　内层“函数参数”对话框

④ 在编辑栏中，单击外层函数名，返回外层“函数参数”对话框，如图 3-57 所示。检查确定无误后，单击“确定”按钮。

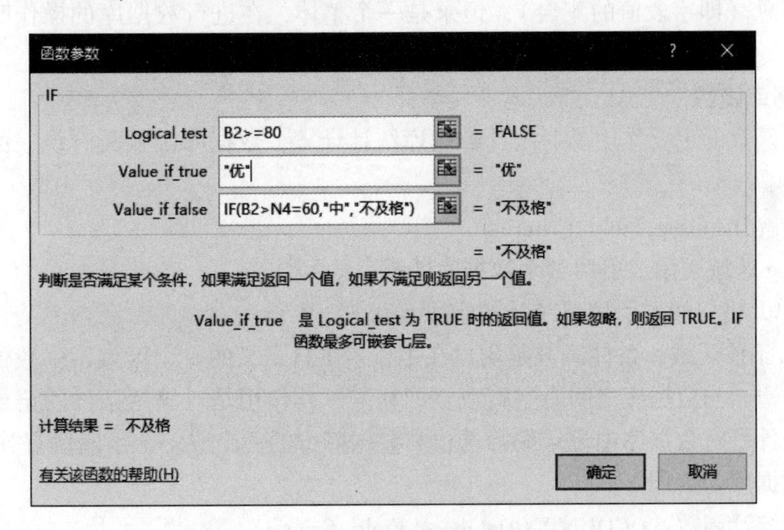

图 3-57　内外层“函数参数”输入框的切换

任务 9　数据库函数

1. 数据库

在 Excel 中，数据库表现为一个标准的连续二维表，有相同的行和相同的列，如图 3-58 所示。在数据表中，第一行称为“字段”，或称为“标题”，不能重复，其余各行称为“记录”。

（1）字段　数据库中任一列的第一行称为字段，如“员工编号”“姓名”等。字段名相当于数学中的一个多值变量，其取值为同列记录的值。

	A	B	C	D	E	F	G
1	天籁软件公司员工信息表						
2	员工编号	姓名	性别	出生日期	部门	职务	工资
3	20100328001	周夏莹	男	1983-7-2	销售部	经理	¥8,698.00
4	20100328002	陈云霞	男	1984-8-6	销售部	职员	¥5,965.52
5	20100328003	洪晓婷	女	1986-12-25	销售部	副经理	¥7,458.63
6	20100328004	黄大勇	女	1983-10-1	开发部	职员	¥6,542.50
7	20100328005	江树萍	女	1984-8-9	销售部	经理	¥9,875.50
8	20100328006	李国林	男	1986-12-25	开发部	副经理	¥6,523.56
9	20100328007	李小静	男	1983-11-1	开发部	职员	¥4,563.00
10	20100328008	梁慧仪	女	1981-8-9	销售部	职员	¥4,563.52

图 3-58 数据库示例

（2）记录　数据库中除第一行外，其他的每一行称为一条记录。反映的是同一个对象的相关信息（即字段值的集合），记录是一个整体，在进行数据库的操作时，以记录为单位。

2. 数据库函数

数据库函数的主要作用是对统计数据库统计计算，数据库函数具有统一的格式，格式为：

函数名（Database, Field, Criteria）

Database 区域引用，引用整个数据库区域。

Field 单元格引用，引用要统计的字段。

Criteria 条件区域，条件区域是用户在工作表中自定义的一个区域，一般位于数据库的下面或右边，与数据库之间有空行或空列相隔。其作用是对满足条件的记录，实施函数运算，条件是对数据库中记录的筛选，与数据库中的一个或多个字段值有关。

常用数据库函数如下：

数据库统计函数：DCOUNT（Database, Field, Crieria）

数据库统计函数：DCOUNTA（Database, Field, Crieria）

数据库求和函数：DSUM（Database, Field, Crieria）

数据库平均函数：DAVERAGE（Database, Field, Crieria）

数据库最大值函数：DMAX（Database, Field, Crieria）

数据库最小值函数：DMIN（Database, Field, Crieria）

3. 参数说明

数据库函数有三个参数：一是指定数据库表区域；二是指定计算字段；三是条件区域。

（1）指定数据库表区域　引用数据库单元格区域。

（2）指定计算字段　引用字段单元格。

（3）条件区域　根据条件用户建立。

建立条件区时，条件区的第一行为字段，字段下面各行是以关系运算符开始的条件表达式（“=”号省略），同行的条件合并为“与”，不同的行的条件合并为“或”。如：

部门	职务
开发部	职工

表示条件为：“开发部”与“职工”。

部门	职务
开发部	
	职工

表示条件为：“开发部”或“职工”。

实例 3.27　选择“数据库函数”工作表，完成统计计算，原始数据如图 3-59 所示。

（1）计算“开发部”“职员”员工人数。

（2）计算“开发部”“职员”员工平均工资。

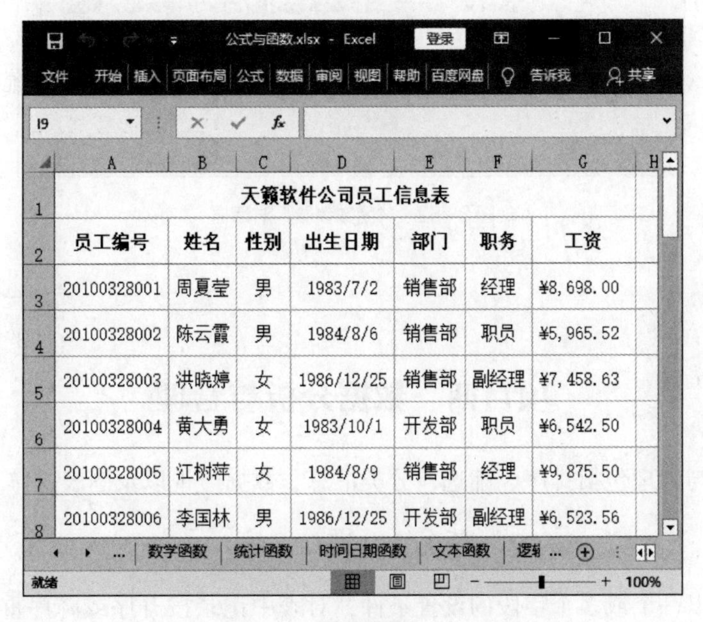

天籁软件公司员工信息表						
员工编号	姓名	性别	出生日期	部门	职务	工资
20100328001	周夏莹	男	1983/7/2	销售部	经理	¥8, 698. 00
20100328002	陈云霞	男	1984/8/6	销售部	职员	¥5, 965. 52
20100328003	洪晓婷	女	1986/12/25	销售部	副经理	¥7, 458. 63
20100328004	黄大勇	女	1983/10/1	开发部	职员	¥6, 542. 50
20100328005	江树萍	女	1984/8/9	销售部	经理	¥9, 875. 50
20100328006	李国林	男	1986/12/25	开发部	副经理	¥6, 523. 56

图 3-59　“数据库函数”工作表

操作步骤：

①“开发部”“职员”员工人数。

建立条件区，条件区域，图 3-60 所示。

输入公式。J1=DCOUNTA（A2：G17,A2,I4：J5），如图 3-61 所示。单击“确定”按钮。

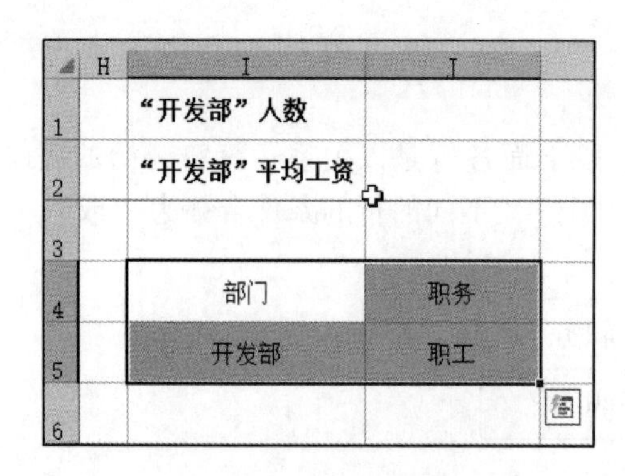

图3-60 建立条件区

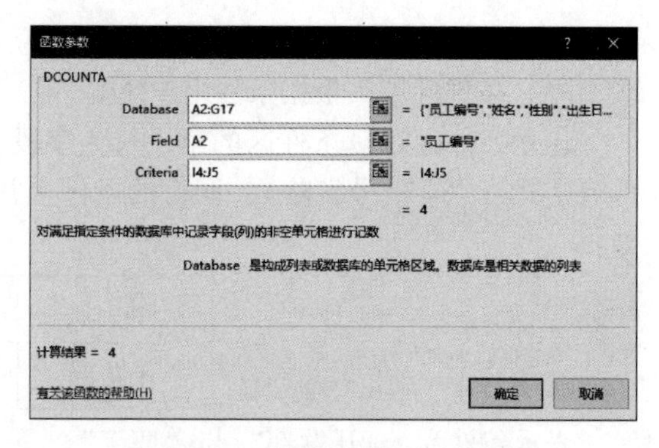

图3-61 “函数参数”输入对话框

②“开发部”“职员”的平均工资。

输入公式 J2=DAVERAGE（A2：G17,G2,I4：J5），如图3-62所示。

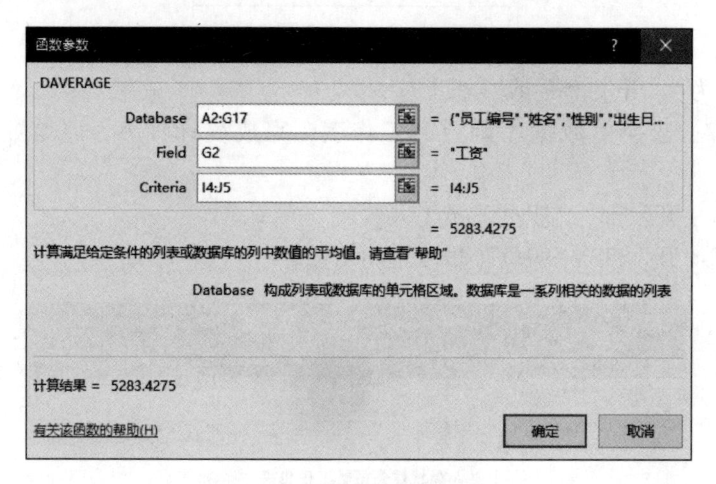

图3-62 “函数参数”对话框

项目四 数据分析与管理

数据分析与管理包括排序、筛选、分类汇总、数据透视以及图表操作。

任务1 排 序

排序是指以一个或多个字段的设置条件，对表中记录按升序或降序重新排列。排序字段称为“关键字”，分为主要关键字、次要关键字和第三关键字。主要关键字优先，其次为次要关键字，最后为第三关键字。即只有当主要关键字相同时才考虑次要关键字，当次要关键字相同时才考虑第三关键字。

多字段排序，先主要关键字，后次要关键字排序，主关键字起到分类的作用，即相同的值组合在一起，构成一类，次关键字再在每一类中，按指定规则对记录排序。

排序规则见表3-15。

表 3-15　　排序规则

数据	排序规则
数值	按数值大小
字母	按字典顺序，缺省为大小写等同，可在“排序选项”对话框中选择区分大小写
汉字	默认为按拼音顺序，可在“排序选项”对话框中选择按拼音或笔划顺序
混合	升序为“数字”“字母”“汉字”
逻辑值	“FALSE”小于“TRUE”
自定义序列	自定义序列的顺序为降序
空白单元格	空白单元格始终排在最后

实例 3.28　打开“数据分析与管理”，完成排序操作。

（1）选择“部门工资排序”工作表，以“部门”（升序）和“工资”（升序）排序。

（2）选择“姓氏笔划”工作表，按“姓名”以“笔划”（升序）排序。

操作步骤：

① 定位数据表任一单元格，单击“数据”选项卡→“排序和筛选”组→“排序”，弹出“排序”对话框，在“主要关键字”行依次选择“部门”“数值”“升序”；单击“添加条件”，在“次要关键字”行依次选择“工资”“数值”“升序”；单击“确定”按钮，如图 3-63 所示，排序效果如图 3-64 所示。

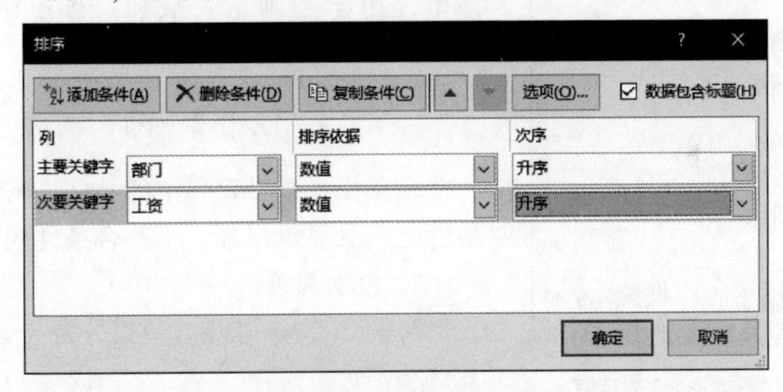

图 3-63　“排序”对话框

	A	B	C	D	E	F	G	H
1	部门升序，工资降序							
2	员工编号	姓名	性别	出生日期	部门	职务	入职日期	工资
3	20100328007	李小静	男	1983-11-1	开发部	职员	2010-3-28	¥4, 563. 00
4	20100328010	林于腾	女	1990-1-1	开发部	职员	2010-3-28	¥4, 569. 58
5	20100928002	卢菡	女	1978-8-9	开发部	职员	2010-9-28	¥5, 458. 63
6	20100328006	李国林	男	1986-12-25	开发部	副经理	2010-3-28	¥6, 523. 56
7	20100328004	黄大勇	女	1983-10-1	开发部	职员	2010-3-28	¥6, 542. 50
8	20100928003	吕怡玲	女	1986-12-25	开发部	经理	2010-9-28	¥6, 542. 52
9	20100328009	林上华	女	1978-12-25	销售部	职员	2010-3-28	¥3, 658. 63
10	20100328008	梁慧仪	女	1981-8-9	销售部	职员	2010-3-28	¥4, 563. 52
11	20100328002	陈云霞	男	1984-8-6	销售部	职员	2010-3-28	¥5, 965. 52

图 3-64　排序结果

② 姓氏排序：

a. 定位于数据表任一单元格，单击“数据”选项卡→“排序和筛选”组→“排序”，弹出“排序”对话框，在“主要关键字”行，依次选择“姓名”“数值”“升序”，如图 3-65 所示。

图 3-65 “排序”对话框

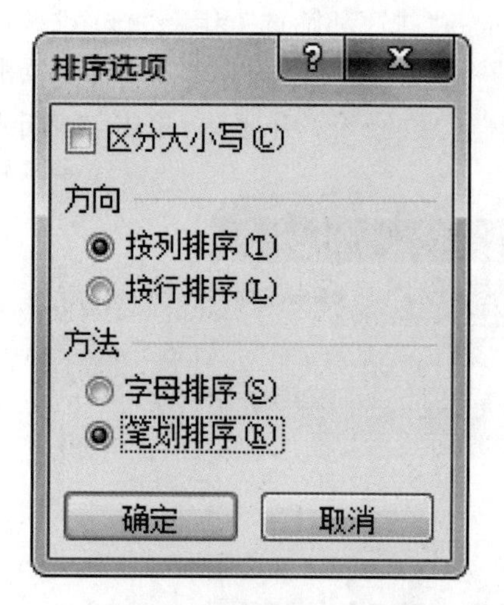

图 3-66 “排序选项”对话框

b. 单击“选项”按钮，弹出“排序选项”对话框，在“方法”组中，选中“笔划排序”，如图 3-66 所示，单击“确定”按钮，返回“排序”对话框，单击“确定”按钮。排序结果如图 3-67 所示。

任务 2 筛 选

筛选操作是设置一定的条件，将数据库中符合条件的记录显示出来，不符合条件的记录则隐藏。

1. 自动筛选

实例 3.29 打开“数据分析与管理”，完成以下自动筛选。

	A	B	C	D	E	F	G	H
1	姓氏排序（升序）							
2	员工编号	姓名	性别	出生日期	部门	职务	入职日期	工资
3	20100928004	马盼盼	男	1988-5-2	销售部	经理	2010-9-28	¥9,875.60
4	20100928002	卢藩	女	1978-8-9	开发部	职员	2010-9-28	¥5,458.63
5	20100928003	吕怡玲	女	1986-12-25	开发部	经理	2010-9-28	¥6,542.52
6	20100928001	刘林	女	1988-10-5	销售部	职员	2010-9-28	¥5,965.52
7	20100328005	江树萍	女	1984-8-9	销售部	经理	2010-3-28	¥9,875.50
8	20100328007	李小静	男	1983-11-1	开发部	职员	2010-3-28	¥4,563.00
9	20100328006	李国林	男	1986-12-25	开发部	副经理	2010-3-28	¥6,523.56
10	20100328002	陈云霞	男	1984-8-6	销售部	职员	2010-3-28	¥5,965.52

图 3-67 姓名排序结果

(1) 选择“高工资”工作表，筛选“工资”高于平均值的记录。

(2) 选择“区间工资”工作表，筛选“工资”大于等于 4000，小于 5000 的员工。

(3) 选择“女职员”工作表，筛选 8 月份出生的女职工。

操作步骤：

实例（1） 选择“高工资”工作表，定位数据库任一单元格，单击“数据”选项卡→“排序和筛选”组→“筛选”，各字段单元格右下角显示三角形图标的下拉按钮，单击“工资”下拉按钮，在列表框中，选择“数字筛选”→“高于平均值”，筛选效果如图 3-68 所示。

	A	B	C	D	E	F	G	H
1	工资高于平均工资							
2	员工编号	姓名	性别	出生日期	部门	职务	入职日期	工资
9	20100928004	马盼盼	男	1988-5-2	销售部	经理	2010-9-28	¥9, 875. 60
10	20100328005	江树萍	女	1984-8-9	销售部	经理	2010-3-28	¥9, 875. 50
11	20100328011	凌绮琪	男	1976-12-25	销售部	副经理	2010-3-28	¥8, 698. 23
12	20100328001	周夏莹	男	1983-7-2	销售部	经理	2010-3-28	¥8, 698. 00
13	20100328003	洪晓婷	女	1986-12-25	销售部	副经理	2010-3-28	¥7, 458. 63

图 3-68　筛选结果

实例（2） 选择“区间工资”工作表，单击“数据”选项卡→“排序和筛选”组→“筛选”，单击“工资”字段下拉按钮，在列表框中，选择“数据筛选”→“自定义筛选”，弹出“自定义自动筛选方式”对话框，设置大于或等于 4000 与 小于 5000，如图 3-69 所示，单击“确定”按钮，效果如图 3-70 所示。

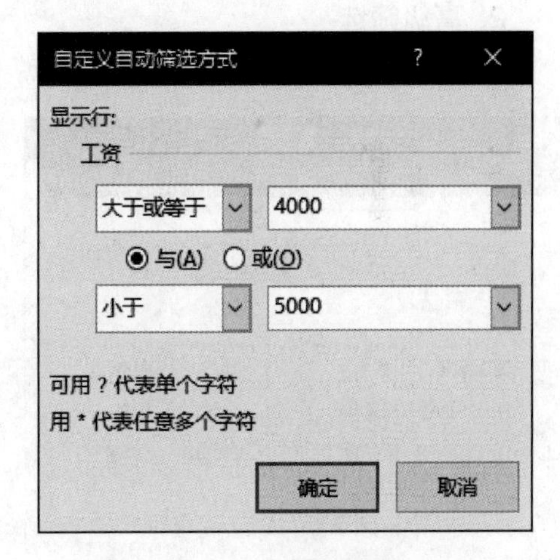

图 3-69　“自定义筛选方式”对话框

实例（3） 选择“女职员”工作表，定位数据库任一单元格，单击“数据”选项卡→“排序和筛选”组→“筛选”，添加自动筛选。

单击“出生日期”字段下拉按钮，在列表框中，选择“日期筛选”→“期间所有日期”→“八月”。

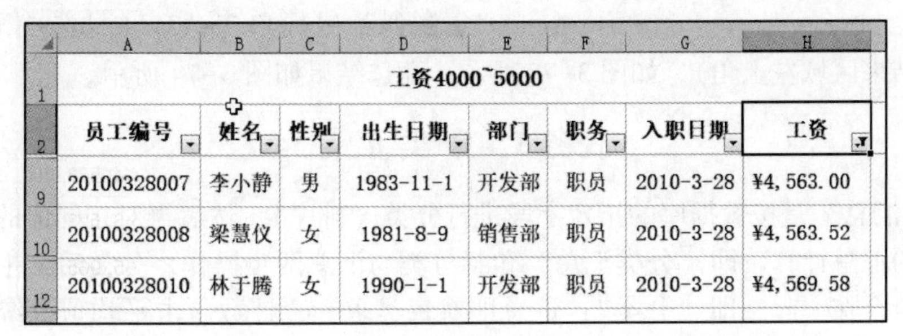

	A	B	C	D	E	F	G	H
1	工资4000~5000							
2	员工编号	姓名	性别	出生日期	部门	职务	入职日期	工资
9	20100328007	李小静	男	1983-11-1	开发部	职员	2010-3-28	¥4, 563. 00
10	20100328008	梁慧仪	女	1981-8-9	销售部	职员	2010-3-28	¥4, 563. 52
12	20100328010	林于腾	女	1990-1-1	开发部	职员	2010-3-28	¥4, 569. 58

图 3-70

单击“性别”字段下拉按钮，在列表框中，取消“男”的选中，保留“女”的选中。筛选效果如图 3-71 所示。

	A	B	C	D	E	F	G
1	员工信息表						
2	员工编号	姓名	性别	出生日期	部门	职务	工资
7	20100328005	江树萍	女	1984-8-9	销售部	经理	¥9,875.50
10	20100328008	梁慧仪	女	1981-8-9	销售部	职员	¥4,563.52
15	20100928002	卢菡	女	1978-8-9	开发部	职员	¥5,458.63

图 3-71　筛选效果

提示：

(1) 筛选后，在“工资”字段的三角形旁出现一个漏斗形的标记，表示该字段设置筛选条件。

(2) 如果要清除“工资”字段的筛选，单击“工资”的下拉按钮，在列表框中，选择“从‘工资’中清除筛选”。

(3) 如果要取消自动筛选，再次单击“数据”选项卡→“数据与筛选”组→“筛选”。

2. 高级筛选

实例 3.30　选择“部门高级筛选”工作表，应用“高级筛选”，筛选“销售部”“职员”或“开发部”、非“职员”，并将筛选结果放置在原数据下方。

	A	B	H	I	J	K	L
1	信息表						
2							
3	员工编号	姓名			部门	职务	
4	20100328001	周夏莹			销售部	职员	
5	20100328002	陈云霞			开发部	<>职员	
6	20100328003	洪晓婷					

图 3-72　建立条件区域

操作步骤：

① 建立条件区域，按给定条件建立条件区，条件为“销售部”与“职员”或“开发部”与非“职员”条件区，如图 3-72 所示。

② 高级筛选，单击“数据”选项卡→“排序和筛选”组→“高级”，弹出“高级筛选”对话框，在“方式”组中，选择“将筛选结果复制到其他位置”，“列表区域”鼠标拖选“A3 : G18”，“条件区域”鼠标拖选“J3 : K5”，“复制到”鼠标单击 A21（只选一个单元格，代表筛选结果区域左上角），如图 3-73 所示，筛选结果如图 3-74 所示。

任务 3　分类汇总

“分类汇总”是按数据库的指定字段进行分类（排序），然后再对相同值的同类字段实施规定的汇总计算，即“分类汇总”包括分类与汇总两步操作。分类后，主要关键字相同记录组合在一起，即“分类”；汇总即对每类求和、计数、求平均值等统计。分类汇总的结果分级显示。

一级分类汇总涉及一个分类字段与若干个汇总字段，分类字段选择具有重复的值的字段；如“部门”“职务”等。

二级嵌套的分类汇总，则需要两个有重复值的分类字符，先按主要关键字分大类，在每个大类下，再按次要关键字分小类。

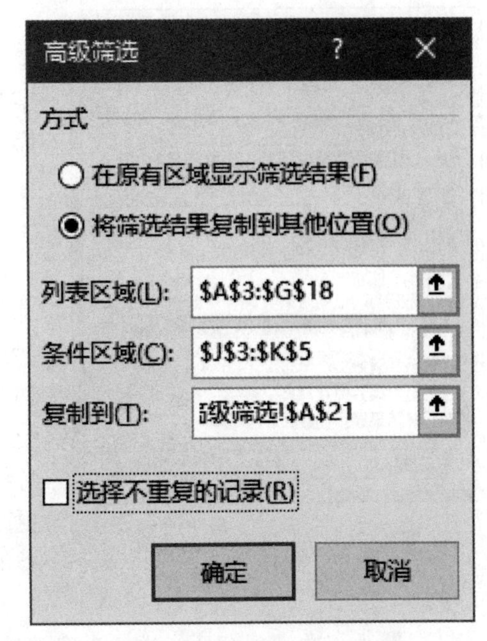

图 3-73　“高级筛选”对话框

实例 3. 31　打开“数据分析与管理”，完成以下分类汇总。

(1) 选择“一级分类汇总”工作表，汇总各部门的平均工资。

(2) 选择“二级分类汇总”工作表，汇总各部门男女员工的平均工资。

操作步骤：

实例（1）

① 分类（即排序），定位数据表“部门”字段，单击“数据”选项卡→“排序和筛选”组→“A↓Z（升序）”按钮，数据表按“部门”升序排序。

② 分类汇总，单击“数据”选项卡→“分级显示”组→“分类汇总”，弹出“分类汇总”对话框，在“分类字段”组合框中，选择“部门”；在“汇总方式”组合框中，选择“平均值”；在“选择汇总项”列表框中，选择“工资”；选中“替换当前分类汇总”，选中“汇总结果显示在数据下方”，如图 3-75 所示，单击“确定”按钮。

员工编号	姓名	性别	出生日期	部门	职务
20100328002	陈云霞	男	1984/8/6	销售部	职员
20100328006	李国林	男	1986/12/25	开发部	副经理
20100328008	梁慧仪	女	1981/8/9	销售部	职员
20100328009	林上华	女	1978/12/25	销售部	职员
20100928001	刘林	女	1988/10/5	销售部	职员
20100928003	吕怡玲	女	1986/12/25	开发部	经理

图 3-74　筛选结果

③ 分类汇总结果，如图 3-76 所示。单击分级操作区中的分级编号 1 2 3。或者单击分级符号 + 和 -，显示或隐藏分类汇总的明细数据。

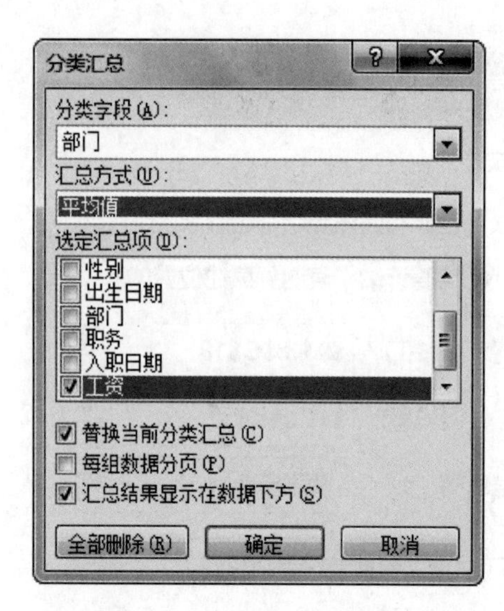

图3-75 “分类汇总”对话框

实例（2）

① 二级分类，按“部门”为“主要关键字”，“性别”为“次要关键字”实施二级排序，如图3-77所示。

② 一级分类汇总，汇总各部门的平均工资。

③ 二级分类汇总，单击“数据”选项卡→“分级显示”组→“分类汇总”，弹出“分类汇总”对话框，在“分类字段”组合框中，选择“性别”；在“汇总方式”组合框中，选择“平均值”；在“选定汇总项”列表框中，选择“工资”；取消选中“替换当前分类汇总”，“汇总结果显示在数据下方”自动变为灰色，不能更改，如图3-78所示，单击“确定”按钮。分类汇总结果，如图3-79所示。

提示：

（1）分类汇总必须分两步进行，即先按字段排序（分类），再汇总。二级分类汇总时，一定要取消“替换当前分类汇总”，否则会删除之前的一级分类汇总。

（2）如果单击“分类汇总”对话框中“全部删除”按钮，则删除之前创建的所有分类汇总。

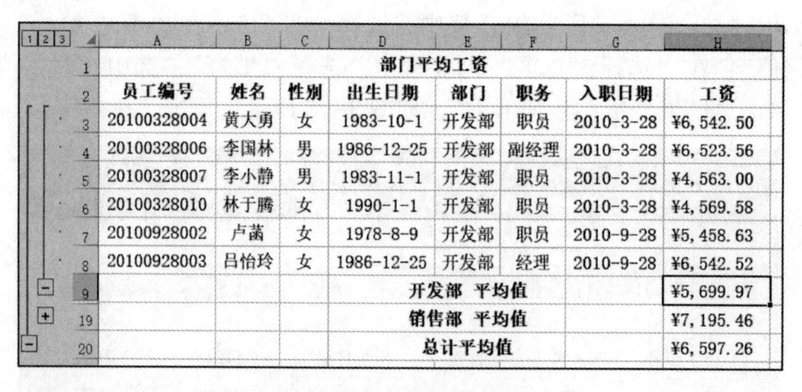

	A	B	C	D	E	F	G	H
1	部门平均工资							
2	员工编号	姓名	性别	出生日期	部门	职务	入职日期	工资
3	20100328004	黄大勇	女	1983-10-1	开发部	职员	2010-3-28	¥6,542.50
4	20100328006	李国林	男	1986-12-25	开发部	副经理	2010-3-28	¥6,523.56
5	20100328007	李小静	男	1983-11-1	开发部	职员	2010-3-28	¥4,563.00
6	20100328010	林于腾	女	1990-1-1	开发部	职员	2010-3-28	¥4,569.58
7	20100928002	卢蔼	女	1978-8-9	开发部	职员	2010-9-28	¥5,458.63
8	20100928003	吕怡玲	女	1986-12-25	开发部	经理	2010-9-28	¥6,542.52
9					开发部 平均值			¥5,699.97
19					销售部 平均值			¥7,195.46
20					总计平均值			¥6,597.26

图3-76 分类汇总的结果

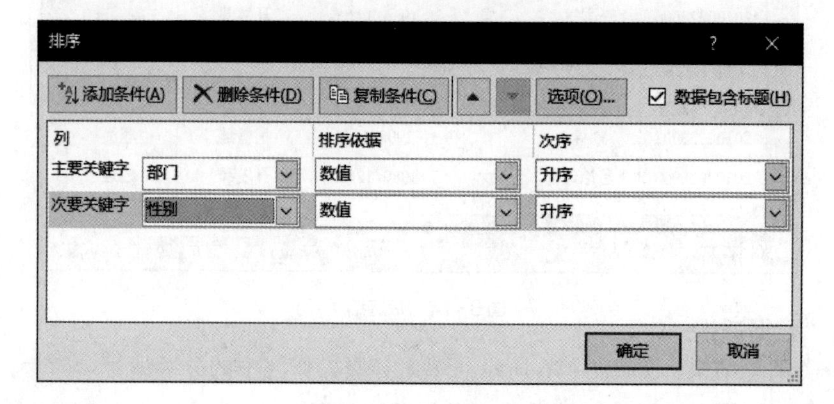

图3-77 二级排序

任务4 数据透视表

数据透视表是一个功能强大的数据汇总工具，用来将数据库中相关的信息进行分类统计，并以二维表格的形式显示。

数据透视表的第一行和第一列由数据库中的两列字段值提供，且行列可以转换；表中的数值是数据库的数据汇总。当改变数据库中的数据时，透视表中数据也同步更新。

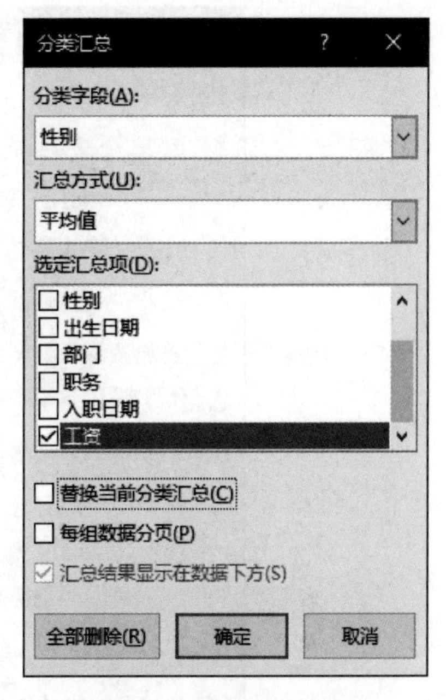

图3-78 分类汇总设置

实例 3.32 打开“数据分析与管理”，选择“透视表”工作表，以透视表形式显示各部门男女员工的平均工资，“部门”为“行”标题，“性别”为“列”标题。

操作步骤：

① 选择“透视表”工作表，定位数据表任一单元格，单击“插入”选项卡→“表格”组→“数据透视表”下拉按钮，在列表框中，选择“数据透视表”，弹出“创建数据透视表”对话框，自动获取“表/区域”，选中“现有工作表”，单击“K6”获取位置，如图3-80所示，单击“确定”按钮。

	A	B	C	D	E	F	G
1				平均工资			
2	员工编号	姓名	性别	出生日期	部门	职务	工资
3	20100328006	李国林	男	1986-12-25	开发部	副经理	¥6,523.56
4	20100328007	李小静	男	1983-11-1	开发部	职员	¥4,563.00
5		男 平均值					¥5,543.28
10		女 平均值					¥5,778.31
11					开发部 平均值		¥5,699.97
16		男 平均值					¥8,309.34
22		女 平均值					¥6,304.36
23					销售部 平均值		¥7,195.46
24					总计平均值		¥6,597.26

图3-79 分类汇总结果

② 显示“数据透视表工具”选项卡和“数据透视表字段表”窗格，如图3-81所示。

③ 在“数据透视表字段”窗格中，拖动字段“性别”→“列标签”；“部门”→“行标签”；“求和项：工资”→“值”，如图3-82所示。

④ 选中数据透视表中汇总字段单元格K6，设置活动字段为“工资”，单击“数据

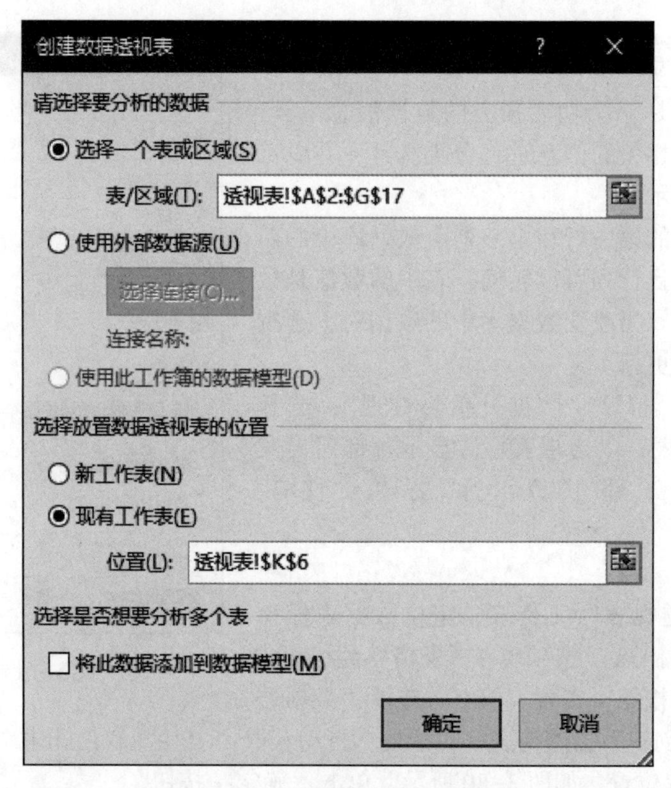

图 3-80 “创建数据透视表”对话框

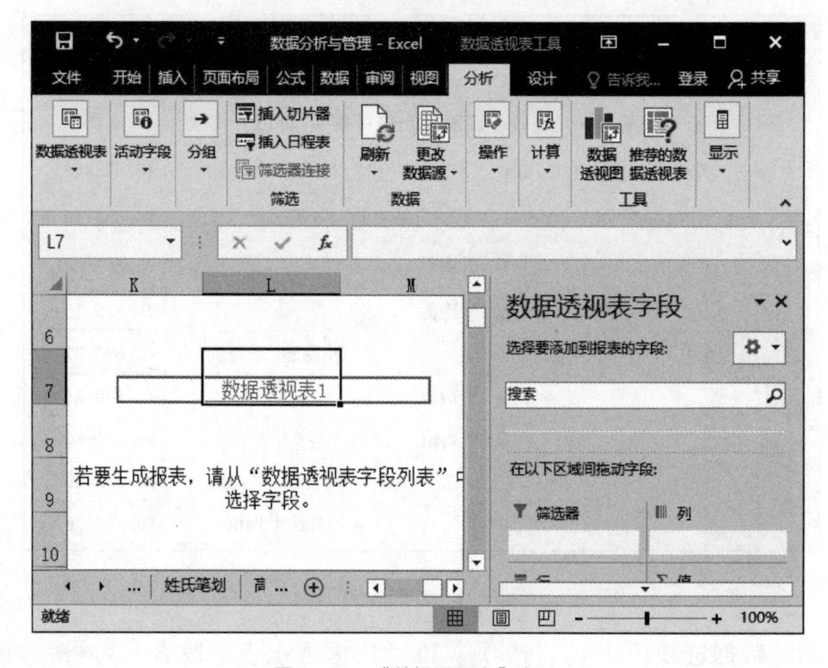

图 3-81 “数据透视表”窗口

透视表工具/分析”选项卡→“活动字段”组→“字段设置”，或者在“数据透视表字段”对话框中，单击“值”列表框中“求和项：工资”下拉按钮，在列表框中，选择“值字段设置”，弹出“值字段设置”对话框，在“计算类型”列表框中，选择“平均值”，

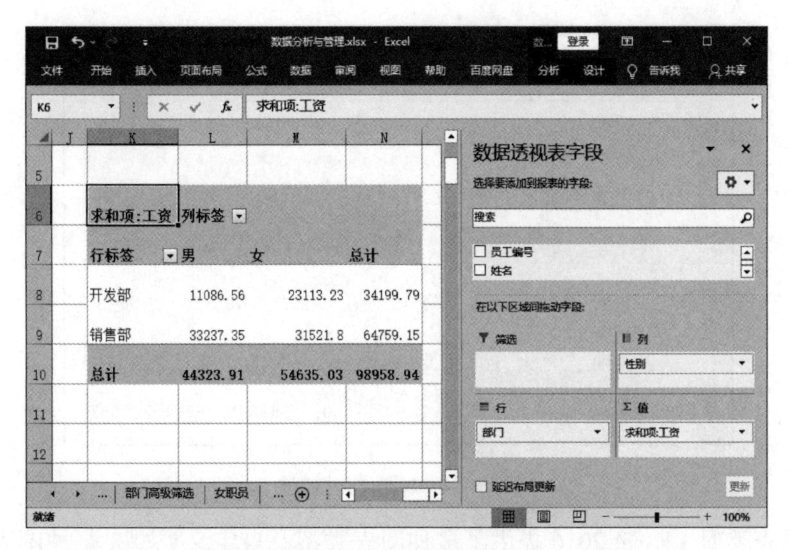

图 3-82　设计透视表

如图 3-83 所示。数据透视表结果，如图 3-84 所示。

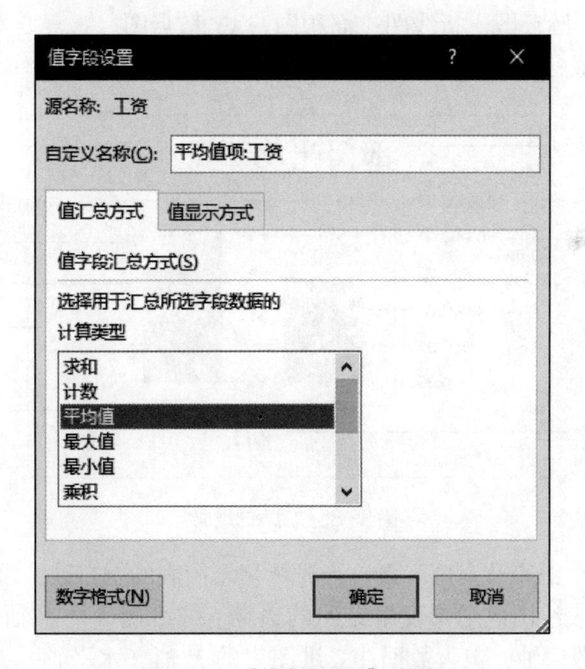

图 3-83　“值字段设置”对话框

任务 5　图　　表

图表是工作表数据的图形表示，可以直观地、方便地查看数据的差异和预测趋势等信息。

一个图表的建立，需要数据库表的若干个字段组合（表中的第一行）作为列，以及一个字段若干值的组合作为行，以其中一个行或列作为分类轴，另一个列或行作为类中元素。以图形式，显示每类中，每个元素的统计值。

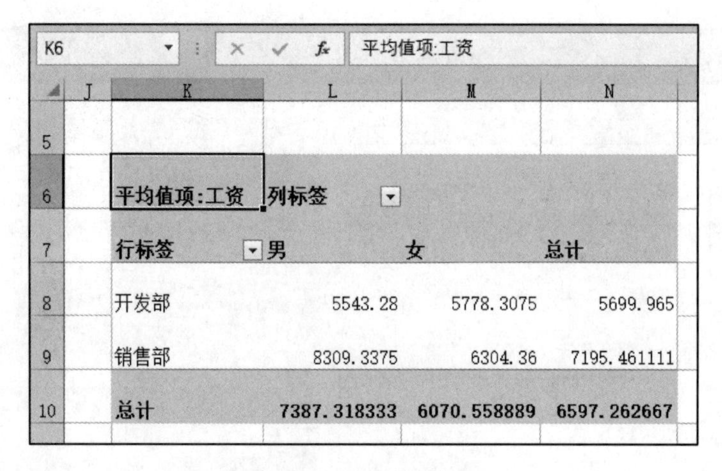

K6 平均值项:工资

	J	K	L	M	N
5					
6		平均值项:工资	列标签		
7		行标签	男	女	总计
8		开发部	5543.28	5778.3075	5699.965
9		销售部	8309.3375	6304.36	7195.461111
10		总计	7387.318333	6070.558889	6597.262667

图3-84　数据透视表结果

（1）图表类型　Excel 2016 提供了多种图表类型及自定义类型，每种图表类型有多种子类型，子类型中又可分为平面图表及三维立体图表。在创建图表时要根据数据所代表的信息选择适当的图片类型，以便让图表更直观地反映数据，常用的图表类型有柱形图、条形图、饼图、圆环图、折线图、面积图、XY 散点图。

（2）图表的组成　图表的组成如图 3-85 所示。

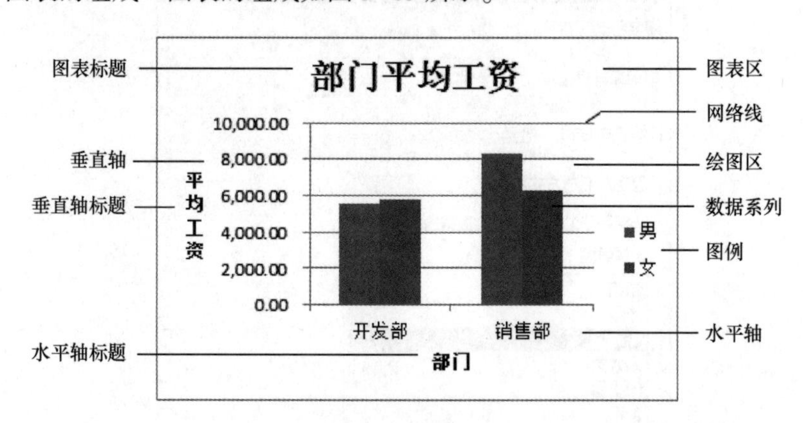

图3-85　图表的组成

① 图表区：整个图表及全部元素，当光标移至图表的空白处，可以选择图表区。

② 坐标轴：图表绘图区用作度量参照的边界。二维图表的 Y 轴（垂直轴）或三维图表的 Z 轴通常为数值轴，包含数据；二维图表的 X 轴（水平轴）或三维图表的 X、Y 轴通常为分类轴。

③ 绘图区：在二维图表中，以坐标轴为界并包含所有数据系列的区域。在三维图表中，此区域以坐标轴为界并包含数据系列、分类名称、刻度线标签和坐标轴标题。

④ 数据系列：在图表中绘制的相关数据点，这些数据源自数据表的行或列。图表中的每个数据系列具有唯一的颜色或图案并且在图表的图例中表示。可以在图表中绘制一个或多个数据系列。注意饼图只有一个数据系列。

⑤ 网格线：可添加到图表中以便于查看和计算数据的线条。网格线是坐标轴上刻度线的延伸，并穿越绘图区。

⑥ 图例：图例是一个方框，用于显示图表中的数据系列或分类指定的图案或颜色。

⑦ 图表标题：一般置于图表正右上方，用于表示图表的名称。

实例 3.33　打开“数据分析与管理”，选择“图表”工作表，以簇状柱形图形，显示各部门男女平均工资，设置“部门”为行标题，“性别”为图例，图表标题为“工资汇总”，水平轴标题“部门”，垂直轴标题“平均工资”。垂直轴主要刻度单位为 2000，图例在右侧。

操作步骤：

① 生成图表：选择“图表”工作表，选择数据区，单击“插入”选项卡→“图表”组→“插入柱形图或条形图”下拉按钮，在二维柱形图列表框中，选择“簇状柱形图”，生成图表，如图 3-86 所示。

② 图表布局：选择图表，单击图表右上角“图表元素”按钮，在元素列表框中，添加选中“坐标轴标题”，如图 3-87 所示。

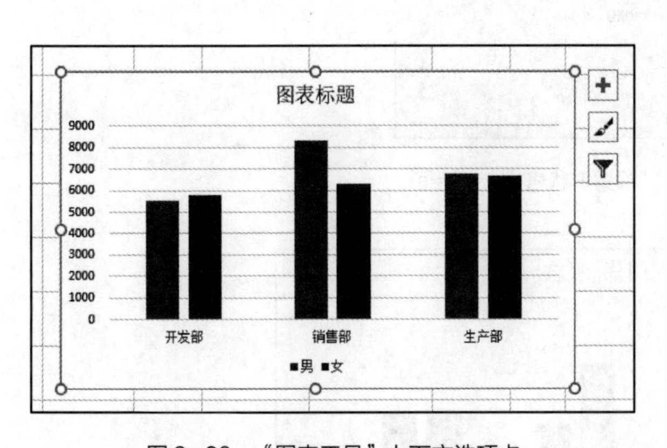

图 3-86　“图表工具”上下文选项卡

图 3-87　添加图表元素

③ 修改标题：图表标题为“工资汇总”，水平轴标题“部门”，垂直轴标题“平均工资”，如图 3-88 所示。

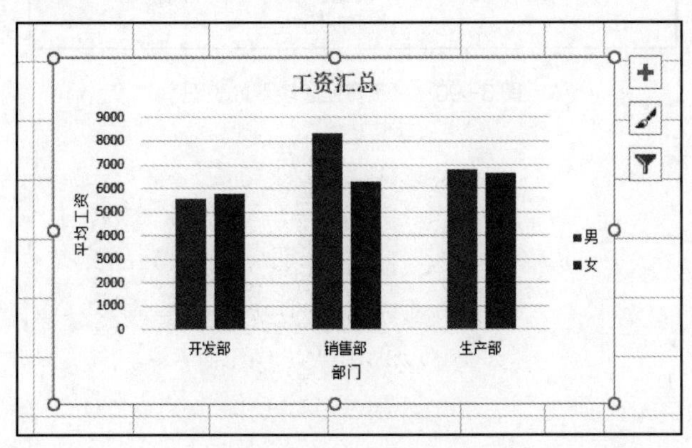

图 3-88　工资汇总表

④ 修改垂直轴主刻度单位：选择垂直轴，右击，在快捷菜单中，选择“设置坐标轴格式”，最小值“2000.0”，主要“2000.0”，如图 3-89 所示，图表效果如图 3-90 所示。

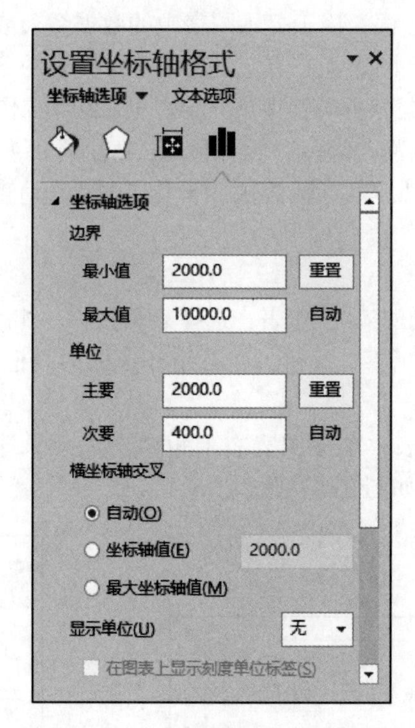

图 3-89 “设置形状格式”对话框

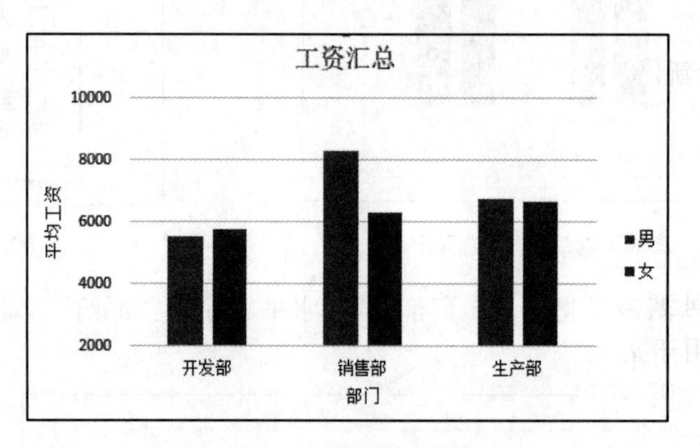

图 3-90 “工资汇总表”效表图

MODULE 4

模块四 PowerPoint 2016 基本操作

PowerPoint 2016 是一种制作多媒体演示文稿的工具。多媒体包括文字、图形、图像、声音及视频，主要用于教师授课、产品演示、广告宣传等方面。

项目一　幻灯片编辑

文稿编辑包括新建演示文档，新建幻灯片以及幻灯片格式设置。

任务 1　PowerPoint 基础知识

1. 用户界面

运行 PowerPoint 2016，程序窗口如图 4-1 所示。

(1) 快速访问工具栏　位于窗口左上角，用于快速执行一些特定的操作，用户可以根据需要，添加或删除快速访问工具栏中的命令选项。

(2) “文件”选项卡　单击“文件”选项卡，打开 Backstage 视图，用户可选择信息、新建、打开、保存、打印、共享等命令等，如图 4-2 所示。

(3) 功能区　单击选项卡，可以切换至相应的功能区，不同的功能区提供了多种不同的操作设置选项。每个功能区又分为若干个组，组中集合了同类的命令，如“开始”选项卡功能区中分为“字体”“段落”组。

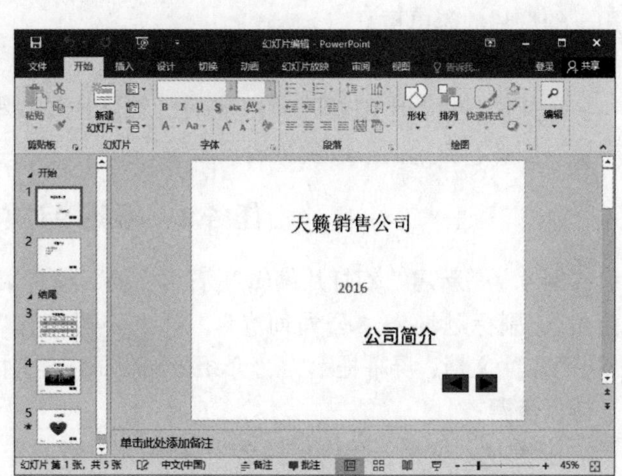

图 4-1　Power Point 工作界面

图 4-2 “文件”选项卡

(4) 大纲窗格　位于窗口的左侧，可以显示每张幻灯片中的标题和主要内容。

(5) 幻灯片窗格　幻灯片窗格是 PPT 制作幻灯片的主要区域，可以编辑幻灯片占位符，设置占位符格式等。

(6) 备注窗格　用于编辑幻灯片的备注文字，可以打印以便在演讲时查阅。

(7) 状态栏　位于窗口的最底端，用于查看页面信息、切换视图模式和调节显示比例等。

2. 窗口视图

视图是呈现窗口的一种方式，为了便于用户从不同的角度观看幻灯片的内容或效果，视图包括普遍视图、大纲视图、幻灯片浏览视图、备注页、阅读视图。

(1) 普通视图　普通视图是常采用的视图，用于查看幻灯片的内容、大纲级别和备注信息，并对幻灯片进行编辑。

(2) 大纲视图　在大纲视图中，可以直接在左侧窗格中输入和查看演示文稿主题，把握整个演示文稿的设计思路。

(3) 幻灯片浏览视图　幻灯片浏览视图以缩略图形式显示幻灯片，在该视图中，幻灯片呈行列排列，可以对其进行添加、编辑、移动、复制、删除等操作。

(4) 备注页　备注页视图以页面形式显示幻灯片内容和备注信息。

(5) 阅读视图　幻灯片在阅读视图中只显示标题栏、状态栏和幻灯片放映效果，一般用于幻灯片的简单预览。

3. 幻灯片

演示文稿是由若干幻灯片所组成的，幻灯片是一种载体，幻灯片内容主要有表格、文本框、图片、自选图形以及页眉页脚等。

任务 2　超链接对象

实例 4.1　新建“幻灯片编辑”演示文稿，编辑第 1 张幻灯片，标题输入“天籁销售公司”，副标题输入“公司简介”。对“公司简介”文本，插入超级链接，链接到“公司简介”文档，屏幕提示为“介绍公司发展前景”。

操作步骤：

① 新建演示文稿：默认文稿名为“演示文稿 1”，自生成一张标题幻灯片，输入主标题“天籁销售公司”；输入副标题“公司简介”。文档另存为“幻灯片编辑”。

② 插入超链接：选择“公司简介”文本，单击“插入”选项卡→“链接”组→“超链接”，弹出“插入超链接”对话框，定位文档所在文件夹，选择“公司简介”。如图 4-3 所示。在“插入超链接”对话框中，单击“屏幕提示”按钮，弹出“设置超链接屏

幕提示”对话框，在“屏幕提示文字”文本框中，输入“介绍公司发展前景简介”，如图 4-4 所示，单击“确定”按钮。返回“插入超链接”窗口，再单击“确定”按钮。设计效果如图 4-5 所示。

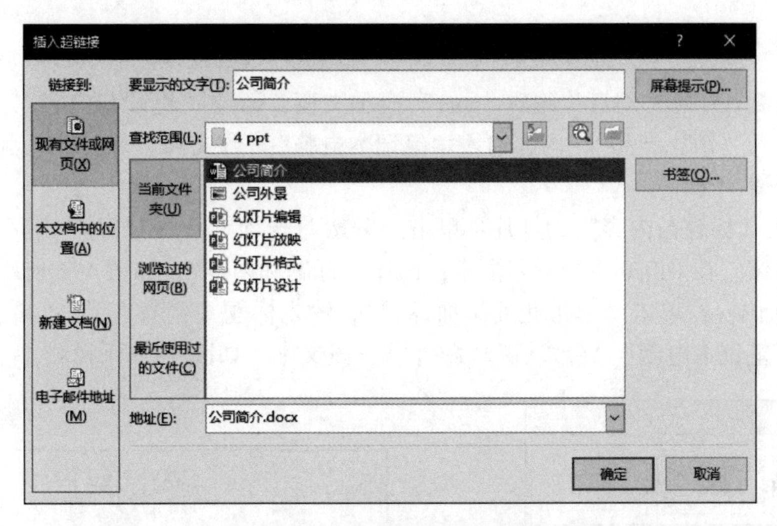

图 4-3　“插入超链接”对话框

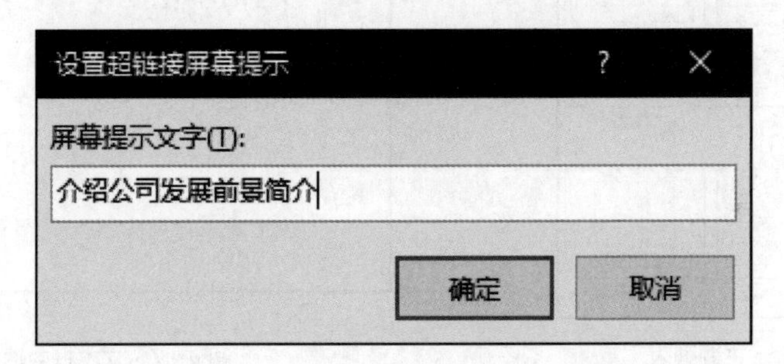

图 4-4　“设置超链接屏幕提示”对话框

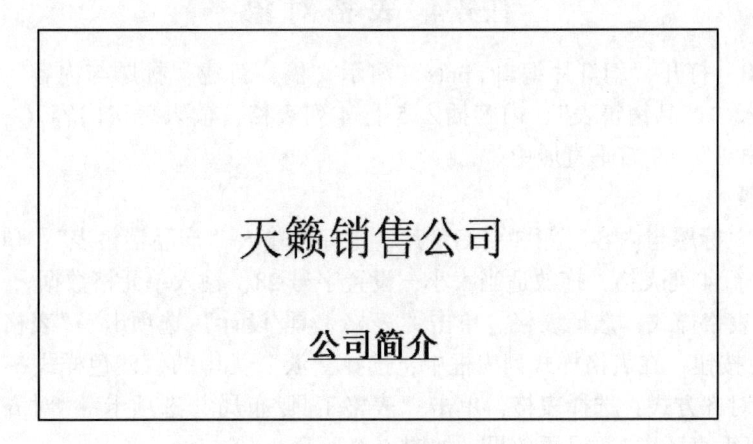

图 4-5　设计效果图

提示：

(1) 放映演示文稿时，当鼠标指向“公司简介”文本时，光标会变成一个手指指向的图标，单击，则打开超链接文件。

(2) 如果不需要超链接，选中已添加超链接，右击，在弹出的快捷菜单中执行“取消超链接”命令。

任务3 文本对象

实例4.2 打开“幻灯片编辑.pptx”演示文稿，新建“标题与内容”第2张幻灯片，标题输入“销售产品”，内容输入“笔记本电脑”“台式机”“配件”三段文本。

操作步骤：

① 插入“标题与内容”幻灯片：单击“开始”选项卡→“幻灯片”组→“新建幻灯片”下拉按钮，在Office主题列表框中，选择“标题和内容”，如图4-6所示。

② 输入内容：单击“单击此处添加标题”，输入标题“销售产品”；单击内容文本框，输入“笔记本电脑”“台式机”“配件”三段文本，如图4-7所示。

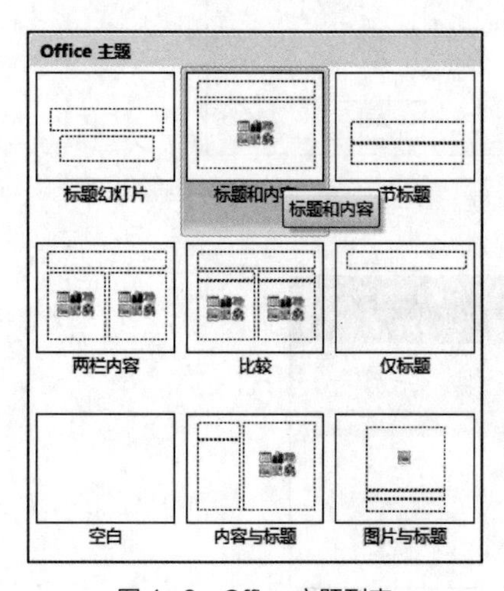

图4-6 Office主题列表

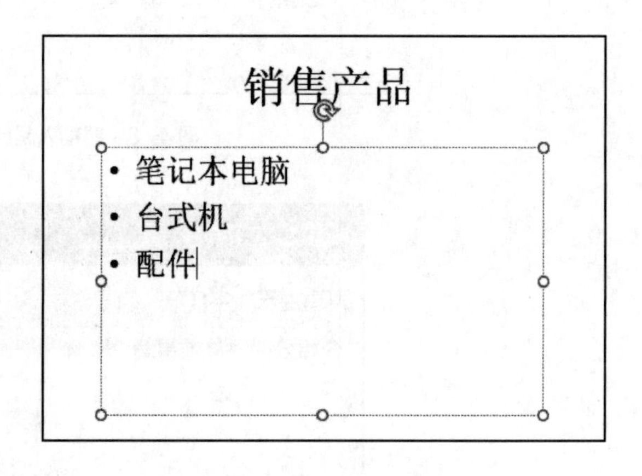

图4-7 文本框中输入文本

任务4 表格对象

实例4.3 打开“幻灯片编辑.pptx”演示文稿，新建“标题与内容”第3张幻灯片，标题输入“产品销售表”，内容插入5行4列表格，输入表格内容（字号28），应用“浅色样式3”，左右垂直居中。

操作步骤：

① 插入“标题与内容”第3张幻灯片，主标题输入“产品销售表”；单击“插入表格”，插入5行4列表格，拖放适当大小，设置字号28，输入单元格数据。

② 设置表格样式，选择表格。单击“表格工具/设计”选项卡→“表格样式”组→“其他”下拉按钮，在表格样式列表框中，选择“淡”类中的“浅色样式3”。

③ 设置对齐方式：选择表格，单击“表格工具/布局”选项卡→“对齐方式”组→“居中”和“垂直居中”。设置效果，如图4-8所示。

任务5 图片对象

实例4.4 打开“幻灯片编辑.pptx”演示文稿，插入“标题与内容”第4张幻灯片，标题输入“公司外景”；内容插入“校园风景”图片文件，大小位置适当。

操作步骤：

新建“标题与内容”幻灯片。标题输入“公司外景”，在幻灯片中，单击“插入来自文件的图片”，弹出“插入图片”对话框，选择图片文件位置及图片文件“公司外景”，单击“插入”按钮，在幻灯片中，适当调整图片位置及大小，效果如图 4-9 所示。

产品销售表

季度	笔记本电脑	台式机	配件
一季度	125	138	151
二季度	110	128	146
三季度	129	160	191
四季度	138	188	238

图 4-8　第 3 张幻灯片

图 4-9　第 4 张幻灯片

任务 6　自选图形对象

实例 4.5　打开“幻灯片编辑”演示文稿，新建“标题与内容”第 5 张幻灯片，标题输入“公司标签”；删除内容文本框，插入自选图形，形状“心形”，线条及填充颜色为“红色”，编辑文字“爱心”，字体“隶书”，字号“80 磅”。

操作步骤：

① 绘制图形：插入“标题与内容”幻灯片，标题输入“公司标签”，删除内容文本框，单击“插入”选项卡→“插图”组→“形状”下拉按钮，在基本形状类中，选择“心形”，如图 4-10 所示，在幻灯片中心位置绘制“心形”，再调整适当位置及大小。

② 设置形状样式：选择图片，单击“绘图工具/格式”选项卡→“形状样式”组→“形状轮廓”下拉按钮，在标准色中，选择“红色”；

选择图片，单击“绘图工具/格式”选项卡→“形状样式”组→“形状填充”下拉按钮，在标准色中，选择“红色”。

③ 编辑文字：选择自选图形，右击，在快捷菜单中，选择“编辑文字”，输入“爱心”，设置字体“隶书”，字号“80 磅”，效果如图 4-11 所示。

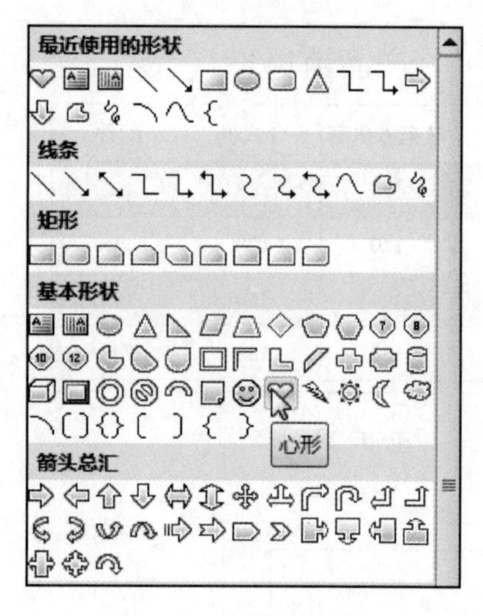

图 4-10　自选图形样式

图 4-11　自选图形效果

任务 7　设置页眉页脚

打开“幻灯片编辑”演示文稿，插入页眉和页脚。显示固定日期“2020-1-1”、幻灯片编号、页脚“公司简介”、页眉页脚内容的字号为 20，标题幻灯片中不显示，全部应用。

操作步骤：

① 设置页眉页脚：单击“插入”选项卡→“文本”组→“页眉和页脚”，弹出“页眉和页脚”对话框，定位“幻灯片”选项卡，选中“日期和时间”及“固定”，在文本框中输入“2020-1-1”；选中“幻灯片编号”；选中“页脚”，在文本框中输入“公司简介”；选中“标题幻灯片中不显示”，如图 4-12 所示，单击“全部应用”按钮。

② 设置页眉页脚字号：单击“视图”选项卡→“母版视图”→“幻灯片母版”，进入幻灯片母版视图，选中日期文本框中内容，设置字号 20，选择幻灯片编号文本框内容，设置字号 20，如图 4-13 所示。

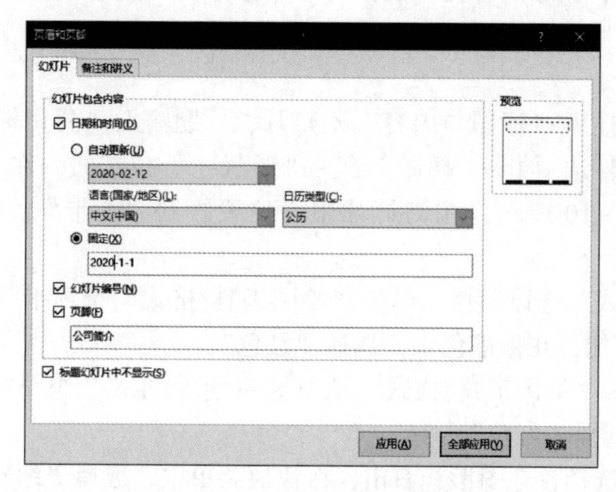

图 4-12　“页眉和页脚”对话框

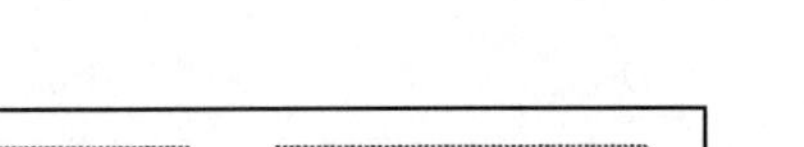

图 4-13　页眉页脚格式设置

项目二　幻灯片格式

幻灯片格式设置主要包括幻灯片母板和幻灯片设计，是以幻灯片为对象，对指定幻灯片格式设置。

任务 1　幻灯片母版

母版是幻灯片的模板，控制着应用此母版的幻灯片格式，母版由标题、文本、页脚和时间等对象的占位符组成。

实例 4.6　打开“幻灯片格式”演示文档，修改所有标题格式：隶书、40 磅、加粗；内容格式：修改一级项目符号为“√”，段落行距 1.5 倍。

操作步骤：

① 通过母版，可以统一修改幻灯片格式。单击“视图”选项卡→“母版视图”组→“幻灯片母版”，进入幻灯片母版视图，如图 4-14 所示。

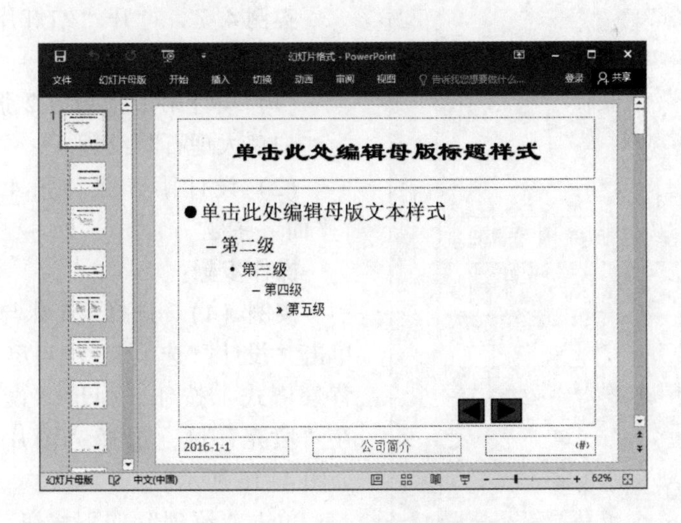

图 4-14　幻灯片母版视图

② 修改格式：在母版窗格中，选择“Office 主题”母版，选择“单击此处编辑母版标题样式”，设置隶书、40 磅、加粗；选择“单击此处编辑母版文本样式”，修改项目符号为“√”，段落行距 1.5 倍。

单击“幻灯片母版”选项卡→“关闭”组→“关闭母版视图”，切换到“普通视图”，设计效果如图 4-15 所示。

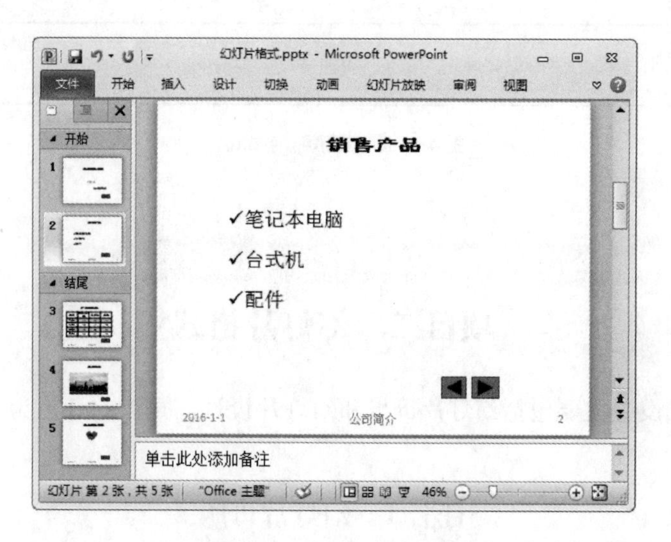

图 4-15 修改母版后的效果

任务 2 幻灯片设计

幻灯片设计的主要内容是背景和主题。背景主要是设计对象的背景颜色。主题是预置的格式组合，包括颜色、字体、背景等，应用主题，可以快速格式幻灯片。

实例 4.7 打开“幻灯片设计”演示文稿，完成以下设计。

（1）设计第 1 张与第 2 张幻灯片的背景为“白色大理石”纹理。

（2）设计第 3 张与张 4 张幻灯片应用“平面”主题。

操作步骤：

实例（1） 选择第 1 张与第 2 张幻灯片，单击“设计”选项卡→“自定义”组→“设置背景格式”按钮。弹出“设置背景格式”，在“填充”区，选择“图片或纹理填充”，如图 4-16 所示。

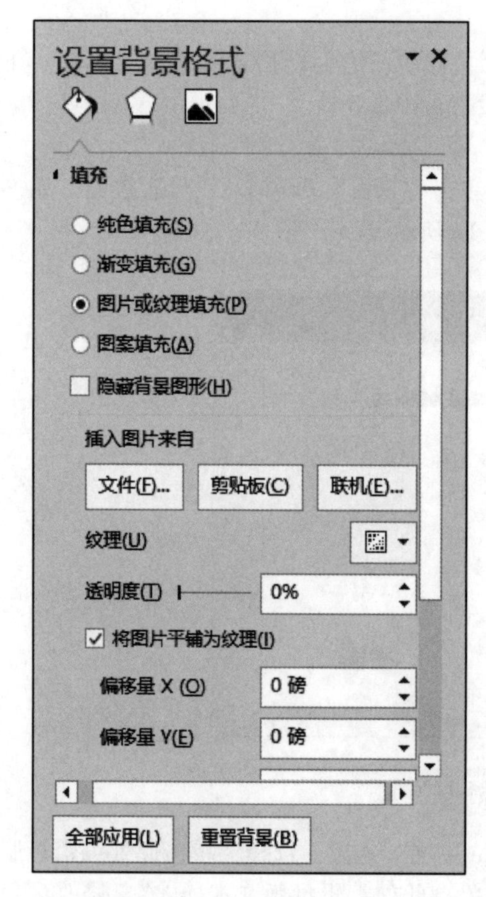

图 4-16 “设置背景格式”对话框

单击“纹理”向下按钮，在纹理列表框中，选择“白色大理石”，如图 4-17 所示。单击“关闭”按钮（不要单击“全部应用”按钮）。设计效果如图 4-18 所示。

实例（2） 选择第 3 张与第 4 张幻灯片，单击“设计”选项卡→“主题组”→“其他”按钮，在“内置”主题列表中，选择“平面”，如图 4-19 所示。效果如图 4-20 所示。

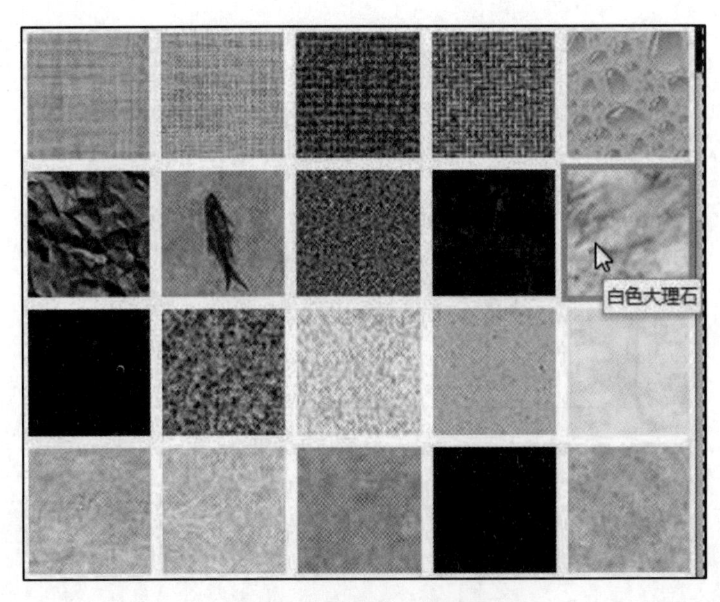

图 4-17　“纹理”列表框

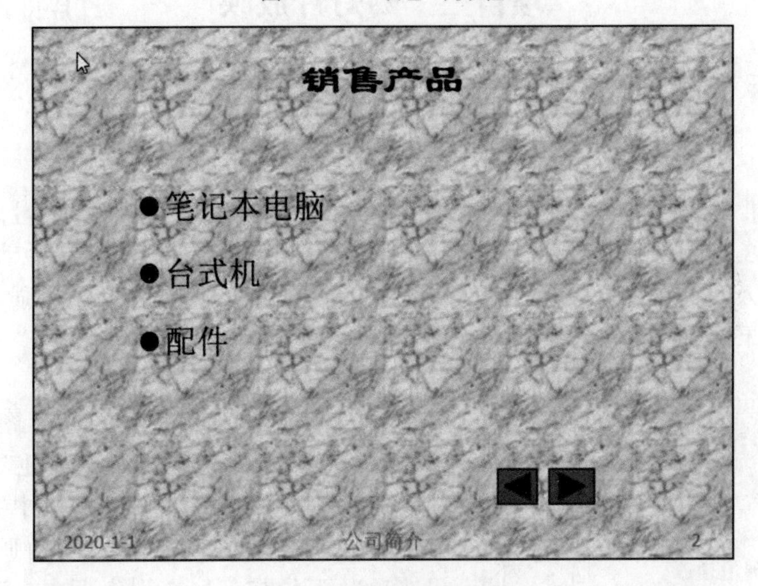

图 4-18　设计效果呈现图

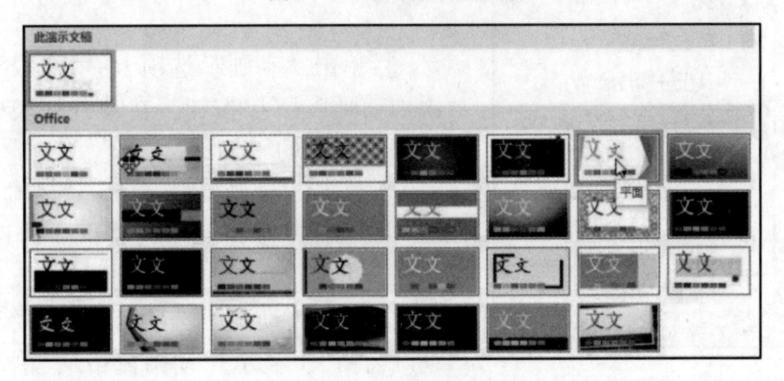

图 4-19　“所有主题”列表

图 4-20 主题应用效果

项目三 幻灯片放映

幻灯片设计是过程，放映是目的，通过放映展示设计成果。

任务 1 幻灯片动画

动画效果就是使幻灯片对象放映时动起来，以增强幻灯片放映的动感性。

实例 4.8 打开“幻灯片放映”演示文稿，设置第 5 张幻灯片第一种动画。“心形图案”“进入”类中的“飞入”，效果选项“至左侧”；第二种动画“强调”类中的“加深”，效果选项“至右侧”。

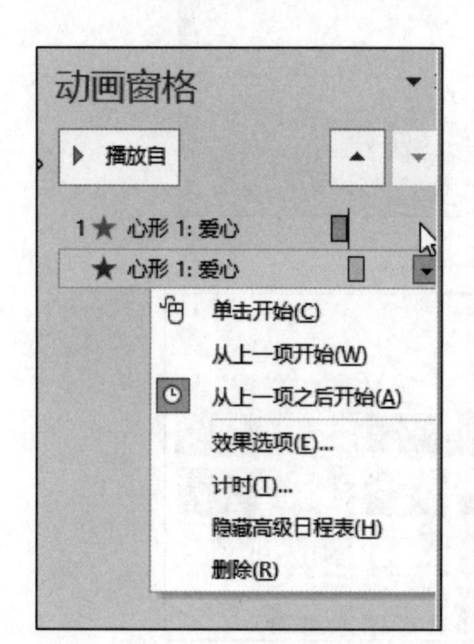

图 4-21 动画窗格

操作步骤：

① 选择第 5 张幻灯片“心形图案”，单击“动画”选项卡→“动画”组→“其他”下拉按钮，在动画列表框中，选择“进入”类中的“飞入”。

② 单击“动画”选项卡→“动画”组→“效果选项”下拉按钮，在列表框中，选择“至左侧”。

③ 单击“动画”选项卡→“高级动画”组→“添加动画”下拉按钮，在动画列表框中，选择“强调”类中的“加深”。

④ 单击“动画”选项卡→“动画”组→“效果选项”下拉按钮，在列表框中，选择“至右侧”。

⑤ 单击“动画”选项卡→“高级动画”组→“动画窗格”，显示“动画窗格”，单击第二种动画右侧下拉按钮，在列表框中选择“从上一项之

后开始”，如图 4-21 所示。

⑥ 单击“播放”，查看设计动画效果。

任务 2　幻灯片切换

幻灯片切换是由一张幻灯片过渡到下一张的方式。

实例 4.9　打开“幻灯片放映”演示文稿，设计所有幻灯片添加切换效果“华丽型/门”，持续时间为 5 秒，换片方式为“单击鼠标时”。

操作步骤：

① 全选幻灯片，单击“切换”选项卡→“切换到此幻灯片”组→“其他”下拉按钮，在切换样式列表中，选择“华丽型/门”，如图 4-22 所示。

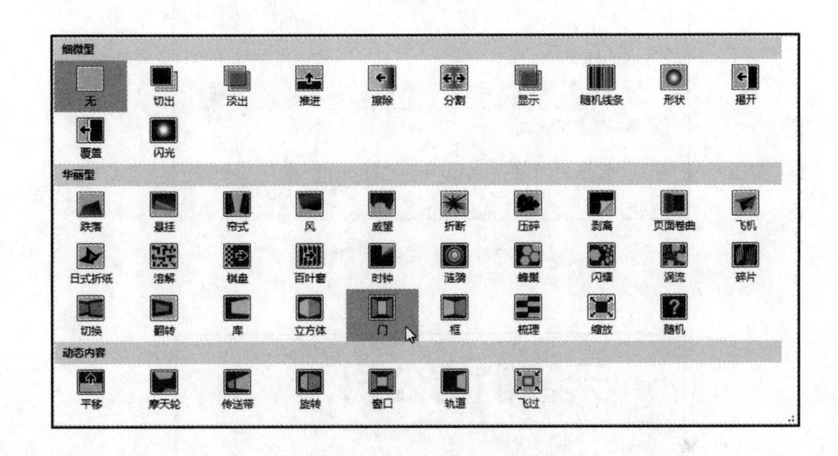

图 4-22　切换样式列表

② 在“切换”选项卡→“计时”组中，调整持续时间为“05. 00”，选中“单击鼠标时”。

③ 单击“切换”选项卡→“预览”组→“预览”，观看切换效果。

任务 3　插入动作按钮

在幻灯片中，可以插入动作按钮，链接到上一张幻灯片或下一张幻灯片，便于幻灯片之间的切换。

实例 4.10　打开“幻灯片放映”演示文稿，在所示幻灯片右下角，插入一个“后退”与“前进”动作按钮。

操作步骤：

由于应用于所有幻灯片，需要在幻灯片母版中创建。切换到“幻灯片母版”视图，选中“Office 主题”母版，单击“插入”选项卡→“插图”组→“形状”下拉按钮，在列表框中，选择“动作按钮/后退或前一项”，光标变为十字，在母版幻灯片右下角，拖动鼠标画出图形，释放鼠标，弹出“操作设置”对话框，选择“超链接到”→“上一张幻灯片”，如图 4-23 所示，单击“确定”按钮。

同理，制作“前进或下一项”动作按钮。效果如图 4-24 所示。

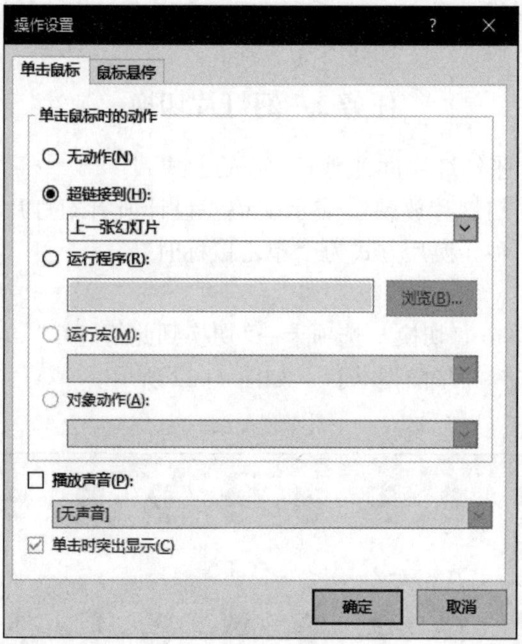

图 4-23 “操作设置”对话框

图 4-24 动作按钮

任务 4 幻灯片放映

设计幻灯片的最终目的就是放映，通过放映，可以验证幻灯片设计的效果。

实例 4.11 打开“幻灯片放映”演示文稿，设置从第 2 张幻灯片开始放映。放映时，练习前进或后退。

操作步骤：

① 打开“幻灯片放映”演示文稿，单击“幻灯片放映”选项卡→“设置”组→“设置幻灯片放映”，弹出“设置放映方式”对话框，在“放映幻灯片”区，调整“从 2 到 5”，如图 4-25 所示，单击“确定”按钮。

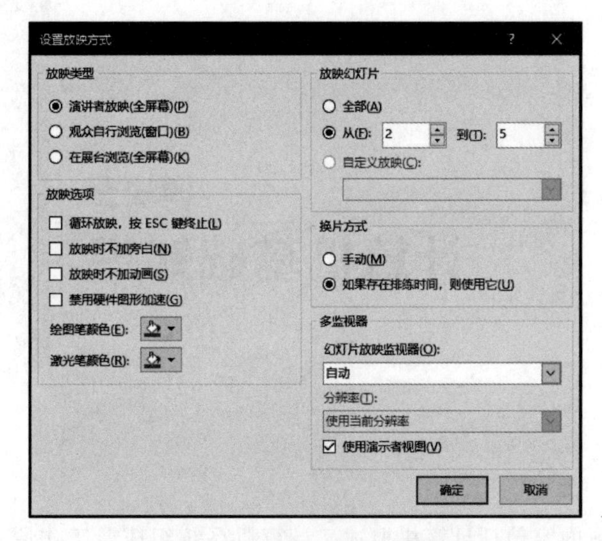

图 4-25　“设置放映方式”对话框

② 单击“幻灯片放映”选项卡→“开始放映幻灯片”组→“从头开始”，在放映窗口中，单击“前进”或“后退”按钮，或者，右击，在选择快捷菜单中，选择“下一张”或“上一张”。

MODULE 5

模块五 计算机基础知识

本模块主要学习内容包括计算机概述、计算机系统组成及工作原理和计算机中数据的表示。

项目一　计算机概述

计算机是电子数字计算机的简称，是一种能按照事先存储的程序，自动、高速地对数据进行输入、处理、输出和存储的系统；具有极快的处理速度，强大的存储能力，精确的计算和逻辑判断能力，由程序自动控制。

任务1　计算机的发展

1946年，世界上第一台电子计算机在美国宾夕法尼亚大学研制成功，取名电子数字积分计算机（Electronic Numerical Integrator And Computer，ENIAC）。自ENIAC诞生以来，若以构成计算机的电子器件来划分，电子计算机的发展阶段至今已经历了四代。每发展一代在技术上是一次新的突破，在性能上是一次质的飞跃。

（1）第一代计算机　第一代计算机是电子管计算机，其基本元件是电子管，也称电子管时代。内存储器采用水银延迟线，外存储器采用纸带、卡片、磁鼓和磁芯等。软件方面，计算机程序设计语言还处于最低阶段，用一串0和1表示的机器语言进行编程，直到20世纪50年代才出现了汇编语言，但无操作系统，操作极其困难。

（2）第二代计算机　第二代计算机是晶体管计算机，其使用的主要逻辑元件是晶体管，也称晶体管时代。内存储器使用磁性材料制成的磁芯，外存储器使用磁带和磁盘。软件方面开始使用管理程序，后期使用操作系统并出现了BASIC、FORTRAN和COBOL等一系列高级程序设计语言，使编写程序的工作变得更加方便，大大提高了计算机的工作效率。

（3）第三代计算机　第三代是集成电路计算机，这个时期的计算机用中小规模集成电路代替了分立元件，用半导体存储器代替了磁芯存储器，外存储器使用磁盘。软件方面，操作系统进一步完善，通过分时操作系统，用户可以共享计算机上的资源，高级语言 Pascal 采用结构化、模块化的程序设计思想，由此产生了并行处理、多处理机、虚拟存储系统以及面向用户的应用软件。

（4）第四代计算机　第四代计算机是大规模和超大规模集成电路计算机。其元件是大规模和超大规模集成电路，一般称大规模集成电路时代。存储器采用半导体存储器，外存储器采用大容量的软、硬磁盘，并开始引入光盘。软件方面，操作系统不断发展和完善，同时产生了数据库管理系统、通信软件等。计算机的发展进入了以计算机网络为特征的时代。

各发展阶段计算机的主要特性见表 5-1。

表 5-1　计算机发展阶段

	第一代（1946—1957 年）	第二代（1958—1964 年）	第三代（1965—1970 年）	第四代（1971 年至今）
逻辑元件	电子管	晶体管	中、小规模集成电路	大规模和超大规模集成电路
软件系统	机器语言、汇编语言	高级语言、管理程序、监控程序、简单的操作系统	多种功能较强的操作系统、回话式语言	可视化操作系统、数据库、多媒体、网络软件
运算速度	5000 ~ 30000 次/秒	几万至几十万次/秒	几十万至几百万次/秒	几百万至几亿次/秒
应用领域	科学计算	科学计算、数据处理、事务处理	实现标准化、系列化、应用于各个领域	广泛应用于所有领域
代表机型	ENIAC EADVAC 103 机	IBM7090 CDC7600 109 机	IBM360 富士通 F230 银河-I	IBM370 IBM PC 曙光 4000L

1982 年以来，发达国家开始研制第五代计算机，其特点是以人工智能原理为基础，突破原有的计算机体系结构模式，用大规模集成电路或其他新器件作为电子逻辑部件。不仅可以进行数值计算，还可进行声音、图像、文字等多媒体信息的处理。随着第五代计算机的研究，人们又先后提出了神经网络计算机、生物计算机等新概念。

任务 2　计算机应用

计算机技术广泛应用于社会的各个领域，改变了人们的工作、学习和生活的方式，一般来说，计算机主要应用于以下几个方面。

（1）科学计算　科学计算是指使用计算机完成在科学研究和工程技术领域所提出的大量复杂的数值计算问题，是计算机的传统应用之一。其特点是利用计算机的高速度、高精度、大存储量和连续运算的能力，来实现人工无法实现的各种计算。主要应用天文、地质、生物、数学等基础科学研究以及空间技术、新材料研究、原子能研究等尖端科学领域。

（2）数据处理　数据处理就是对数据进行收集、分类、排序、存储、计算、传输和制表等操作，是计算机应用最广泛的领域之一，其特点是需要处理的原始数据量大，包括大量图片、文字、声音等数据，处理结果一般以表格或文件形式存储，如人事管理、库存管理、财务管理、图书资料管理、情报检索等方面的应用。

（3）自动控制　自动控制是指通过计算机对某一过程进行自动操作，不需人工干预，能按人预定的目标和预定的状态进行的过程控制。目前被广泛用于操作复杂的钢铁企业、石油化工业、医药工业等生产中。

（4）计算机辅助系　计算机辅助系统是指应用计算机辅助人们进行设计、制造等工作，主要包括 CAD、CAM、CAT 和 CAI。

① 计算机辅助设计（Computer Aided Design，CAD）是指利用计算机图形处理功能，完成产品的设计工作，达到缩短设计周期、提高设计精度的目的。目前，计算机辅助设计在飞机设计、船舶设计、建筑设计、机械设计和大规模集成电路设计等具有广泛的应用。

② 计算机辅助制造（Computer Aided Manufacturing，CAM），指利用计算机进行生产设备和管理、控制与操作，达到提高产品质量，降低生产成本，缩短生产周期的目的。数控机床是 CAM 的应用实例。

③ 计算机辅助测试（Computer Aided Testing，CAT），指应用计算机进行复杂而大量的测试工作，如北斗导航应用实例。

④ 计算机辅助教学（Computer Aided Instruction，CAI），指利用计算机辅助学习的自动系统，它将教学内容、教学方法等存储于计算机中，使学生能够轻松自如地学到所需的知识，如多媒体教学系统、学习视频等应用实例。

（5）人工智能　人工智能（Artificial Intelligence，AI）。人工智能是指利用计算机模拟人类大脑神经系统的逻辑思维、逻辑推理，达到延伸和扩展人的智能的目的。主要应用于机器人、语言识别、图像识别、自然语言处理和专家系统等方面。

（6）多媒体技术　多媒体技术（Multimedia Technology）是利用计算机对文本、图形、图像、声音、动画、视频等多种信息综合处理、建立逻辑关系和人机交互作用的技术。多媒体技术在医疗、教育、商业、银行、保险、广播和出版等领域得到广泛的应用。

（7）计算机网络　计算机技术与通信技术结合起来就形成了计算机网络。实现资源共享，人们熟悉的全球信息查询、电子邮件、电子商务等都是依靠计算机网络来实现的。

项目二　计算机系统组成及工作原理

为了更好地使用计算机应用，必须掌握计算机系统组成，并理解计算机的工作原理。

任务1　计算机系统组成

一个完整的计算机系统由两大部分组成：硬件系统和软件系统。

硬件系统是指组成一台计算机的各种物理设备的总称，是计算机进行工作的物质基础，硬件系统主要由运算器、控制器、存储器、输入及输出设备五个部分组成。

软件系统是指在硬件设备上运行的各种程序、数据以及相关文件的集合，是用户与硬件之间的接口界面。用户主要通过软件与计算机进行交流。软件系统主要由系统软件和应用软件两大部分组成。

硬件系统和软件系统的关系：硬件系统是软件系统赖以工作的物质基础，软件的正常工作是硬件发挥作用的唯一途径。计算机系统必须要配备完善的软件系统才能正常工作，且充分发挥其硬件的各种功能。

计算机系统的组成如图 5-1 所示。

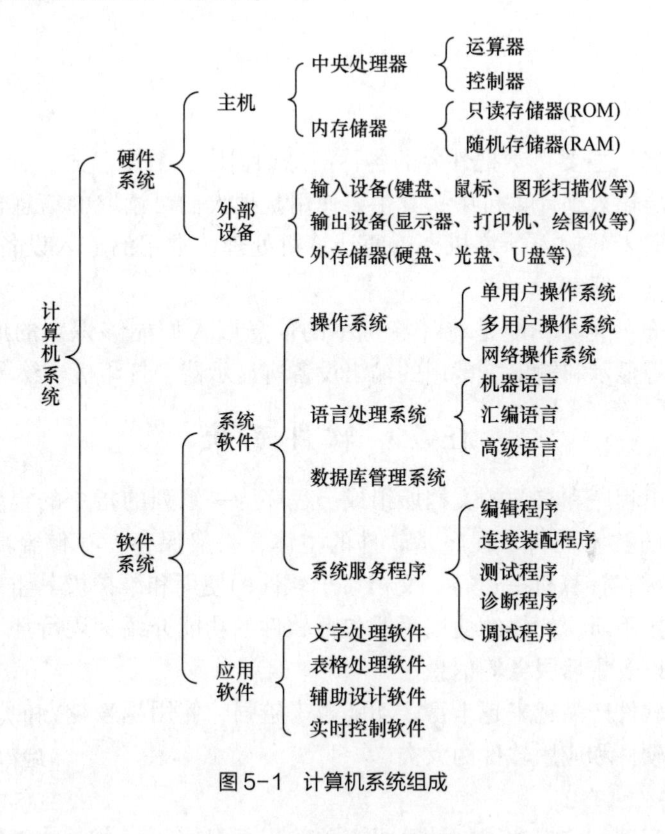

图 5-1 计算机系统组成

任务 2 硬件系统

计算机硬件系统由运算器、控制器、存储器、输入设备和输出设备五大部分组成，每个部件不仅具有一定的功能，又有机地结合在一起，通过计算机程序的控制来实现数据输入、运算、数据输出等一系列的操作过程，如图 5-2 所示。

（1）运算器（Arithmetical Logic Unit，ALU） 主要负责对数据进行算术运算和逻辑运算。在控制器的统一指挥下，参加运算的操作数从内存储器中读取，在运算器中实现运算，运算的结果又写入内存储器中。

（2）控制器（Control Unit，CU） 主要负责从内存储器中取出指令并对指令进行分析与判断，并根据指令发出控制信号，使计算机的有关设备有条不紊地协调工作，在程序的作用下，保证计算机能自动、连续地工作。

（3）存储器（Memory） 存储器负责存储程序和数据，并根据控制指令提供相应程

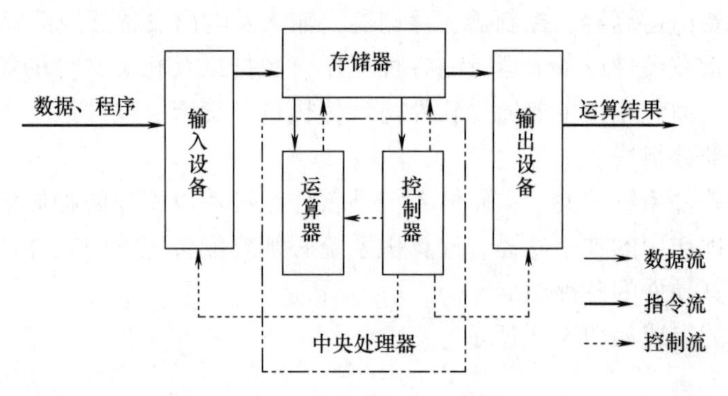

图5-2 计算机的组成框架

序和数据。

(4) 输入设备 主要负责把外界的各种信息如程序、数据、命令、文本、图形、图像、音频、视频等输入到计算机中。其主要作用是把人们可读取的信息转换为计算机能识别的二进制代码，并输入计算机，以便计算机处理。常用的输入设备有键盘、鼠标、扫描仪、条形码读入器等。

(5) 输出设备 主要功能是将计算机中的信息以人们能够识别的形式如文字、图形、数值、声音等显示和输出。常用的输出设备有显示器、打印机、绘图仪和音箱等。

任务3 软件系统

计算机软件由程序和有关的文档所组成。程序为一系列的指令的集合。文档是软件开发过程中建立的技术资料。程序是软件的主体，一般保存在存储介质（如硬盘、光盘）中，以便安装在计算机上运行。文档对于软件的使用和维护极其重要，文档中最重要的是软件的使用手册，软件的使用手册包括软件的功能介绍、运行环境的要求、安装方法、操作说明以及售后服务等信息。

现在计算机软件产品越来越丰富，功能越来越强，使用越来越方便。计算机软件按用途可分为系统软件和应用软件两大类。

1. 系统软件

系统软件由管理、监控和维护计算机资源的程序组成，其主要功能包括：启动计算机、存储、加载和执行应用程序，对文件进行排序、检索，并将程序语言翻译成机器语言等。任何用户都要用到系统软件，是用户与计算机的接口；其他程序都要在系统软件支持下才能运行。系统软件分为4类：操作系统、语言处理系统、数据库管理系统和系统服务程序。

(1) 操作系统 操作系统是系统软件中最基本、最核心的部分，它为用户提供了一个良好环境，是用户与计算机的接口，用户通过操作系统可以最大限度地利用计算机的功能，对计算机的运行提供有效的管理，合理地调配计算机的软硬件资源，使计算机各部分协调有效地工作。目前，常用的操作系统有MS-DOS、UNIX、Linux和Windows系列，不同的操作系统的结构和形式存在很大差别，但一般具有进程管理、作业管理、文件管理、存储管理和设备管理五项基本功能。

(2) 语言处理系统 人们使用计算机就是通过某种语言与其交流，随着计算机技术的发展，计算机经历了由低级向高级发展的历程，同时不同风格的计算机语言也不断出现，逐步形成了计算机语言体系。用计算机解决问题时，必须首先将解决该问题的方法和步骤按一定序列和规则用计算机语言来表达，形成计算机程序，输入计算机，计算机才能自动地执行。计算机语言分为机器语言、汇编语言、高级语言和面向对象的程序设计语言。

① 机器语言：直接用机器指令作为语句操作数据。机器指令与数据都是用一串“0”和“1”不同组合的二进制代码表示。

例如：机器语言加法表示：

00000100　　00001010

二进制“00000100”表示加法指令，“00001010”表示数字“10”，指令的作用是将寄存器 AX 内容加 10，结果仍保存在寄存器 AX 中。

机器语言特点：用机器语言编写的程序，虽然机器可以直接识别并运行，但不便记忆和使用，编程容易出错。同时机器指令是面向硬件的，不同的处理器其机器指令互不兼容，即指令的编码不同，指令的条数也不同。相同的操作，使用不同的处理器需要重新编写，通常不用机器语言直接编写程序。

② 汇编语言：汇编语言是把机器语言指令用助记符和十进制数表示，助记符与机器语言是一一对应的。汇编语言是一种符号语言，它将难以记忆和辨认的二进制指令码用有意义的英文单词（或缩写）作为助记符，使之比机器语言编程前进了一大步。

例如：上面的机器语言用汇编表示为：

ADD　AX,　10

“ADD”助记词代替加法指令“00000100”，把二进制数“00001010”直接用十进制“10”表示，“AX”表示寄存器，语句的作用与机器语言相同。

汇编语言特点：

其一，汇编语言大部分与机器语言一一对应，程序简洁直观，容易编写和记忆，但语句的功能不强，程序的编写也很烦琐，同时，汇编语言也是面向机器的语言，程序的可移植性差，一般汇编语言主要用于一些底层软件的开发中，如硬件接口控制。

其次，汇编语言编写的程序称为源程序，计算机不能识别并运行，必须经语言处理程序翻译为机器语言，计算机才能识别并运行，这个过程称为“汇编”，语言处理程序称为“汇编程序”。即：

汇编语言源程序→汇编程序（转换）→机器语言（可执行程序）

③ 高级语言：高级语言使用比汇编语言更接近的自然语言和数学语言，描述问题与计算公式大体一致，是易被人们掌握和书写的语言。高级语言主要有 C 语言、BASIC 语言等。

例如：上面机器语言用 C 语言表示为：

$c=c+10;$

“c”表示变量，其语句作用是提取 c 的值加 10 之后再赋值 c，即 c 的值比原值增加 10。

高级语言特点：

其一，高级语言比汇编语句更容易理解和书写，而且与计算机指令系统无关，是不依赖于计算机的面向过程的语言。

其二，高级语言编写的程序称为源程序，计算机也不能识别并运行，必须经语言处理程序转换为机器语言，计算机才能识别并运行。转换方式有两种，一种是解释，另一种是编译。相应的语言处理系统分别称为解释程序和编译程序。

解释程序指的是对源程序按语句执行的动态顺序进行逐句翻译，翻译一句，执行一句，直到程序结束，如 BASIC 语言：

高级语言源程序→解释程序(转换)→机器语言(可执行程序)

编译程序指的是对源程序直接编译，生成目的代码，目的代码再与库文件连接生成机器语言，实现程序的运行，如 C 语言：

高级语言源程序→编译程序(转换)→连接→机器语言(可执行程序)

④ 面向对象的程序设计语言：面向对象的应用程序是由对象组合而成。在设计应用程序时，设计者考虑的是应用程序应由哪些对象组成，对象间的关系是什么，对象间如何进行“消息”的传递，如何利用“消息”的协调和配合，从而完成应用程序的任务和功能。面向对象的语言主要有：C++、C#和 Java 语言等。

面向对象的程序设计语言的主要特征是：“类” 和 “对象” 两个基本概念，在程序设计中，利用类来创建对象，对象具有属性、方法和事件。

(3) 数据库管理系统　数据库是将具有相互关联的数据以一定的组织方式存储起来，形成数据的集合。数据库管理系统（Data Base Management System，DBMS）是具有数据定义、管理和操纵功能的软件集合。目前常用的数据库管理系统有：Access、SQL Server 和 Orace 等。

数据库管理系统主要用于档案管理、财务管理、图书管理、仓库管理、人事管理等数据处理。

(4) 系统服务程序　是指使用和维护计算机时所使用的各种程序，主要包括计算机的监控管理程序、调试程序、故障检查和诊断程序等。

2. 应用软件

计算机应用软件是为了解决计算机各类问题而编写的程序以及相关资料的总和。具有较强的专业性和实用性。应用软件主要包括文字表格处理软件、图形图像处理软件、和各种工具软件等。

任务 4　计算机工作原理

计算机的工作原理是运行程序指令的过程。

1. 冯 · 诺依曼型计算机

美籍匈牙利科学家冯 · 诺依曼于 1946 年提出了计算机设计的 3 个基本思想。

(1) 计算机由运算器、控制器、存储器、输入设备和输出设备五大部分组成。

(2) 采用二进制形式表示计算机的指令和数据。

(3) 将程序（由一系列指令组成）和数据存放在存储器中，并让计算机自动地执行程序。

其工作原理是用程序设计语言编写执行任务的程序，并与需要处理的原始数据一起通过输入设备输入并存储在计算机的存储器中，即“程序存储”；在需要执行时，由控制器取出程序并按照程序规定的步骤或用户提出的要求向计算机的有关部件发布命令，并控制它们执行相应的操作，执行过程不需要人工干预而自动连续进行，即“程序控制”。

冯·诺依曼型计算机原理的核心是“程序存储”和“程序控制”。按照这一原理设计的计算机被称为冯·诺依曼计算机，其体系结构被称为冯·诺依曼结构。目前，计算机基本上遵循冯·诺依曼原理和结构，绝大部分计算机都是冯·诺依曼计算机。

2. 计算机的指令系统

指令是能被计算机识别并执行的命令，每一条指令都规定了计算机要完成的某一种基本操作，例如，加、减、乘、除、存数、取数等都是一个基本操作，分别用一条指令来实现。

计算机的指令系统表示所有指令的集合。计算机的本质就是识别并执行其指令系统中的每条指令。

指令以二进制代码形式来表示，由操作码和操作数（或地址码）两部分组成，指令的一般格式如图 5-3 所示。

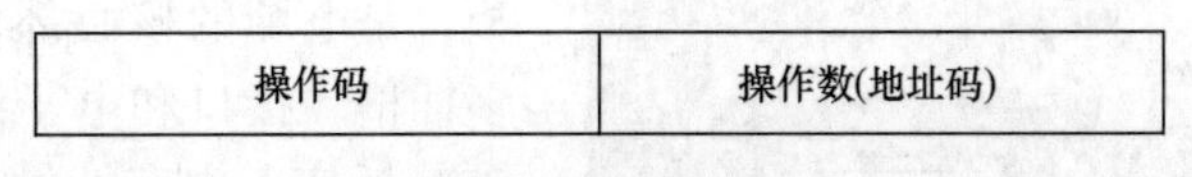

图 5-3 指令组成

其中操作码用来表示该指令所要完成的操作；操作数表示该指令操作的对象，它直接给出操作数或者指出操作数在存储器中的单元地址（地址码）。

3. 计算机执行指令的过程

计算机的工作过程实际上就是快速地执行指令的过程，认识指令的执行过程就能了解计算机的工作原理。计算机在执行指令的过程中有两种信息流：数据流和控制流。数据流是指原始数据、中间结果、结果数据、源程序等。控制流是由控制器对指令进行分析、解释后向各部件发出的控制命令，指挥各部件协调地工作。

计算机执行指令一般分为以下 4 个步骤。

（1）取指令　控制器根据程序计数器的内容（存放指令的内存单元地址），从内存中取出指令送到 CPU 的指令寄存器。

（2）分析指令　控制器对指令寄存器中的指令进行分析和译码。

（3）执行指令　根据分析和译码的结果，判断该指令要完成的操作，然后按照一定的时间顺序向各部件发出完成操作的控制信号，完成该指令的功能。

（4）一条指令执行后，程序计数器加 1 或将转移地址码送入程序计数器，然后回到步骤（1），进入下一条指令的取指令阶段。

任务 5　计算机主要性能指标

计算机的主要技术性能指标有：主频、字长、存储容量和运算速度等。

1. 主频

主频即时钟频率，是指计算机的 CPU 在单位时间内发出的脉冲数。

2. 字长

字长是指计算机的运算部件能同时处理的二进制数据的位数，它与计算机的功能和用途有很大的关系。字长决定了计算机的运算精度，字长长，计算机的运算精度就高。字长也影响机器的运算速度，字长越长，计算机的运算速度越快。

3. 存储容量

计算机能存储的信息总字节数称为该计算机系统的存储容量。存储容量的单位还有MB（兆字节）、GB（吉字节）和TB（太字节）。

4. 运算速度

运算速度是一项综合性的性能指标。运算速度的单位是MIPS（百万条指令/秒）。

任务6　微型计算机系统

从外观来看，微型计算机硬件由主机和外部设备组成，主机包括系统主板、中央处理器（CPU）、内存条；外部设备包括外存、键盘、鼠标、显示器、打印机等。

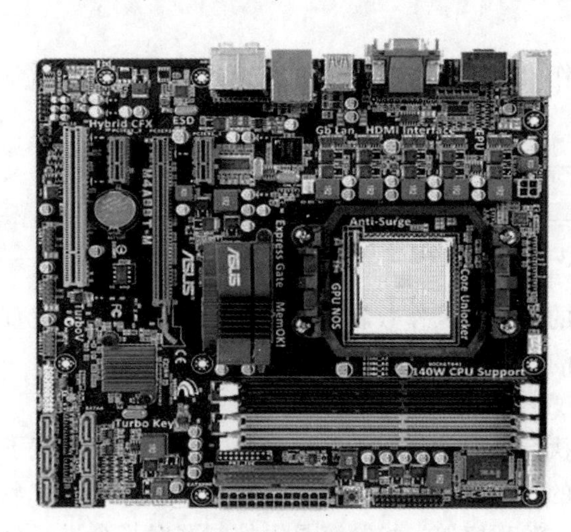

图5-4　系统主板

1. 系统主板

系统主板又称为母板，它是固定在主机箱内的一块密集度较高的集成电路板，是电脑的核心部件。在主板上有许多插槽、接口和电子线路等，主要包括CPU插座、内存插槽、显卡插槽、串行和并行接口、USB接口以及总线等，通过主板将CPU、内存、各种适配器和外部设备有机结合起来，构成计算机系统。如图5-4所示。

2. 接口与总线

接口是CPU与I/O设备的桥梁，它在CPU与I/O设备之间起着信息转换和匹配的作用。接口电路通过总线与CPU相连，构成计算机系统结构的基本框架，如图5-5所示。

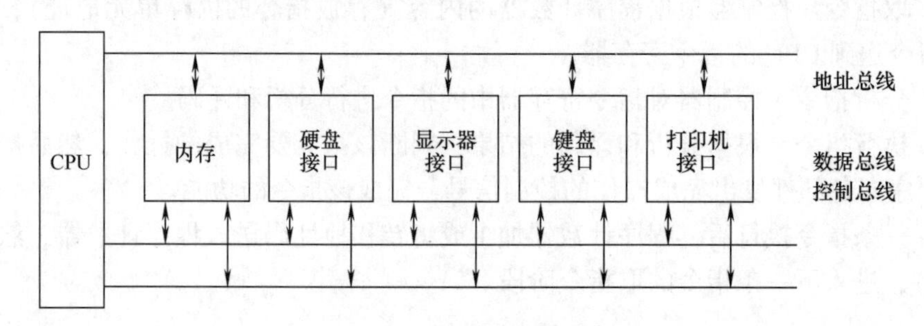

图5-5　系统结构图

（1）接口　是CPU与外部设备的连接部件即电路，也是CPU与外部设备进行信息交换的中转站。由于CPU同外部设备的工作方式、工作速度、信号类型等都不相同，必须通过接口电路的变换作用，使两者匹配起来。微型计算机提供的接口有显示器接口和USB接口等。

USB接口，即通用串行总线，是一种新型接口标准。随着计算机应用的发展，外设越来越多，使得计算机本身所带的接口不够使用。USB 可以简单地解决这一问题，计算机只需通过一个 USB 接口，即可串接多种外设（如数字键盘、鼠标、数码相机、扫描仪等）。用户现在经常使用的 U 盘就是连接在 USB 接口上的。

（2）总线　是连接计算机 CPU、主存储器、辅助存储器、各种输入/输出设备的一组物理信号线及其相关的控制电路，它是计算机中各部件之间传输信息的公共通道。总线根据传递内容的不同，可分为数据总线、地址总线、控制总线 3 种。

① 数据总线：数据总线是用来传递数据和指令代码的总线。数据总线是双向的，CPU 既可以向其他部件发送数据；也可以接收来自其他部件的数据。同样，CPU 也是通过读（输入设备）和写（输出设备）的方式来访问外设。

② 地址总线：地址总线是用来传递地址信息的，如内存地址和某个外设的地址。地址总线一般是单向传递。

③ 控制总线：控制总线是用于传递控制信息的，包括命令传送、状态传送、中断请求、直接对存储器存取的控制，以及提供系统使用的时钟和复位信号等。

3. CPU（中央处理器）

CPU 控制着微机的计算、处理、输入输出等计算机的整个工作，也就决定了微机的性能。

微型计算机的 CPU 由运算器和控制器两部分组成，是计算机的核心部件，完成计算机的运算和控制功能。随着微电子加工工艺的发展，现在微处理的所有部件都集成在一块半导体芯片上。常用的微处理有 Intel 公司 Pentium（奔腾）系列、Celeron（酷睿）系列和 AMDA8 系列。

4. 存储器

存储器中主要存储计算机的指令、程序和相应的数据，存储器的容量决定着计算机的处理能力，是计算机非常重要的一个性能指标。常用的存储器主要有如下几类。

（1）内存储器　微机中的内存储一般由半导体器件构成。内存储器按其工作方式的不同，可分为随机存储器（RAM）和只读存储器（ROM）。

RAM 中存放的数据随机地读取或写入，通常用来存放用户输入的程序和数据。但由于数据是通过电信号写入存储器的，因此在计算机断电后，RAM 中的信息就会随之丢失。

ROM 中的数据只能读取而不能写入，通常用来存放一些固定不变的程序。计算机断电后，ROM 中的数据保持不变，当计算机重新接通电源后，ROM 中的数据仍可读取。内存储器的容量一般有 8GB、16GB 等。

（2）高速缓冲存储器　随着 CPU 频率的不断提高，而 RAM 的读写速度则相对较慢，为了解决 CPU 速度与内存速度不匹配的问题，设计者在 CPU 与内存储之间设计了一个容量较小、但速度较快的高速缓冲存储器（Cache），且大多都与 CPU 封装在一块芯片上，不能单独拆封。CPU 访问指令和数据时，先访问 Cache，如果数据在 Cache 中，则 CPU 直接从 Cache 中读取，否则从内存中读取，由于 CPU 的速度越来越快，内存的容量也越来越大，Cache 的容量也达到了 512KB 或 2MB。但 Cache 的容量并不是越大越好，过大的容量会降低 CPU 在 Cache 寻址的效率。

（3）外存储器　目前外存储器使用得最多的是硬盘、光盘和 U 盘。机械硬盘和光盘是以机械部件活动作为读取和存储信息的手段，存储速度较慢，特别是光盘更慢，已逐渐被淘汰；固态硬盘和 U 盘是以闪存作为读取和存储信息的手段，存储速度很快，使用广泛。

5. 输入设备

输入设备主要用于把输入的数据转换为计算机所能处理的二进制形式。输入设备主要有：键盘、鼠标、扫描仪等，其中键盘与鼠标是最为常用的两种输入设备。

（1）键盘　键盘是计算机最常用的输入设备之一，其作用是向计算机输入命令、数据和程序。常用键的功能及用法见表 5-2。

表 5-2　常用键的功能

键盘名	中文名	功　能
Backspace	退格键	按下此键，删除光标左边的一个字符
Enter	回车键	不论光标处在当前行中什么位置，按此键后光标将移至下行行首。也表示结束一个数据或命令的输入结束
Caps Lock	大小写字母锁定转换键	当批示灯亮时，处于大写状态，灯灭时，处于小写状态
Space	空格键	按下此键输入一个空格
Tab	制表定位键	一般按下此键可使光标右移 8 个字符的距离
Shift	换档键	用来选择某键的上档字符或改变大小写。操作方法是，先按住此键不放，如果输入具有上下档字符的键，则输入该键的上档字符；如果输入的是字母键，则输入与当前大小写状态相反的字母
Ctrl	控制键	用于与其他键组合成各种复合控制键
Alt	交替换档键	用于与其他键组合成特殊功能键或控制键
Esc	强行退出键	按此键可强行退出程序
Print Screen	屏幕复制键	在 Windows 系统下按此键可以将当前屏幕内容复制到剪贴板
Num Lock	小键盘锁定转换键	当 NumLock 指示灯亮时，上档数字键起作用；当指示灯灭时，光标控制键起作用
Insert	插入改写键	用于切换键盘插入状态和改写状态
Delete	删除键	用于删除光标右边的字符

（2）鼠标　鼠标是一种输入设备。由于它使用方便，应用十分广泛。其主要作用是控制显示屏上光标移动的位置。在软件的作用下，通过鼠标上的按钮，向计算机发出输入命令，或完成某种操作。

鼠标一般有机械式和光电式两种，常用为光电式。光电鼠标有一个光电探测器，当鼠标移动时，光电探测器可把鼠标移动的距离和方向转换为电信号，传送给计算机来完成光标的同步移动。由于机械式鼠标的移动精度较差，且又容易损坏，现在用户大多都使用光电式鼠标来操作计算机。

（3）扫描仪　扫描仪是计算机的图像输入设备。随着性能的不断提高和价格的大幅度降低，越来越多地使用于广告设计、出版印刷、网页设计等领域。按感光模式可分为滚筒式扫描仪（CIS）和平板扫描仪（CCD）。扫描仪是利用光学扫描原理从纸介质上迅速地将照片、文字或图形等信息输入计算机进行分析处理。

6. 输出设备

输出设备的主要作用是把计算机的数据和运行结果显示在屏幕上或打印到纸上。常见的输出设备有屏幕显示器、打印机和音响设备等。

（1）屏幕显示器 屏幕显示器是微型计算机必不可少的输出设备。可以显示键盘输入的命令和数据，也可以将计算结果以字符、图形或图像的形式显示出来，使用户通过显示器一目了然地观察输入和输出的信息。现在常见的显示器为液晶（LCD）显示器，如图 5-6 所示。

图 5-6 液晶显示器

显示器的主要参数如下三个。

① 屏幕尺寸：是指显像管对角线的长度，常见有 19 英寸、22 英寸等。

② 分辨率：是指显示器一屏能显示的像素数目，分辨率越高，显示的图像越细腻。19 英寸最佳分辨率为 1440×900。

③ 色彩倍数：是指描述图像中每一个像素颜色的二进制数的长度（位数）。色彩位数越高，显示图形的色彩越丰富。常用的最大颜色数为 32 位真色彩，表示的颜色数为：256×256×256=16777216 种，这种显示器显示的画面色彩更丰富，层次感更好。

（2）打印机 打印机是各种计算机的主要输出设备。它能将计算机的信息以单色和彩色字符、汉字、表格、图像等形式打印在纸上。打印机一般通过电缆与主机连接，接口类型有并行接口（即打印机口）和 USB 接口，现在基本采用 USB 接口，将打印机与主机连接后，还必须安装打印机驱动程序，打印机才能正常工作。

打印机主要有喷墨打印机和激光打印机，如图 5-7 所示。

(1) 喷墨打印机

(2) 激光打印机

图 5-7 打印机外观

① 喷墨打印机：喷墨打印机是利用喷墨头喷射出可控的墨汁从而在打印纸上形成文字或图片的一种打印设备。

② 激光打印机：激光打印机是利用激光和电子放电技术，将要输出的图像信息在磁鼓上形成静电潜像，并转换为磁信号，使碳粉吸附在纸上，加热后碳粉固定，最后印出精美文字和图片的一种输出设备。激光打印机打印速度快、噪声低、质量好，但打印成本高。

项目三　计算机中数据的表示

人类用文字、数字、声音、图形和图像来表达和记录各种各样的数据，以便于人们用来处理和交流，这些数据可以输入计算机，由计算机保存和处理，但是，输入到计算机中的任何数据都必须采用二进制的数字化编码形式，才能被计算机识别、存储、处理和传送，计算机内部数据编码形式主要有两种，一种是数值型数据的编码，另一种是非数值型数据的编码。

任务1　数 值 表 示

任何进制的数值，都有自身的规则以及不同进制之间的相互转化。掌握这两方面内容，是掌握数据表示的基础。

1. 进位计数制

数字符号按顺序排列成数位，并遵循由低位进位到高位的规则进行计数，这种表示数值的方式，称为进位计数制，简称数制。进位计数制采用各数组合表示一个数，各数位之间的关系，即“逢几进位”称为进位的规则。例如“十进制”，就是采用“逢十进一”规则的数制。

进位计数制四个基本概念：数码、数位、基数和位权。

（1）数码　数码是一组用来表示各种数制的数字符号，如十进制数码为0~9。

（2）数位　数位指数码在一个数中的位置，如十进制的个位、十位、百位等。

（3）基数　基数是数制所使用的数码个数，用 N 表示，称为 N 进制，如十进制使用0~9这10个数码，其基数为10。

（4）位权　一个数字符号处在不同数位时，它所代表的数值是不同的，不同数位上的数码所表示的数值等于该数码本身乘以一个与它所在数位有关的常数，这个常数称为“位权”，简称“权”。位权的大小是以基数为底，数码所在位置的序号为指数的整数次幂，即处在某一位上的“1”所表示的数值的大小。例如十进制111.11，个位上的1权值为 10^0，十位上的1权值为 10^1，百位上的1权值为 10^2，十分位上的1权值为 10^{-1}，百分位上的1权值为 10^{-2}，对于 N 进制数，整数部分第 i 位的位权为 N^{i-1}，而小数部分第 j 位的位权为 N^{-j}。

2. 常用数制

使用计算机时，人们使用十进制向计算机输入原始数据，然后由计算机将输入的十进制数转换为二进制数，运算结束后再将结果转换为十进制数输出。这种转换是由计算机自动完成的。

由于二进制位数较多，又只有0和1两个字符，不便于书写和识读，又由于八进制和十六进制与二进制之间有精确且简单的转换关系，所以引入八进制和十六进制用来书写二进制。

常用的进制有二进制、八进制、十进制和十六进制。

(1) 常用进制的特点　常用进制的特点见表 5-3。

表 5-3　常用进制的特点

进制	进位基数	数　码	计数规则	标 识
十进制	10	0,1,2,3,4,5,6,7,8,9	逢十进一,借一当十	D
二进制	2	0,1	逢二进一,借一当二	B
八进制	8	0,1,2,3,4,5,6,7	逢八进一,借一当八	O
十六进制	16	0,1,2,3,4,5,6,7,8,9,A,B,C,D,E,F	逢十六进一,借一当十六	H

(2) 常用进制的书写规则

下标法：如二进制 $(100.11)_2$　八进制 $(11.37)_8$　十六进制 $(4F.B6)_{16}$

字母法：如二进制 100. 11B　　八进制 11. 37O　　十六进制 4F. B6H

3. 按权展开

对于任何一个进制数，其数值都可以表示为它的各位数字与位权乘积之和，即按权展开的多项式求和表达式。

设有一个 N 进制数 D，共有 i 位整数和 j 位小数，每位数字用 a_i 表示，即数字的有序数码为：

$$D=a_{i-1}a_{i-2}\cdots a_1a_0a_{-1}a_{-2}\cdots a_{-j}$$

N 进制数 D，可以转换为一个多项式求和表达式，如下所示：

$$D=a_{i-1}\times N^{i-1}+a_{i-2}\times N^{i-2}+\cdots+a_0\times N^0+a_{-1}\times N^{-1}+\cdots+a_{-j}\times N^{-j}$$

此多项式求和表达式称为：N 进制数 D 按权展开。

例 5-1　写出十进制数 123. 45 按权展开表达式。

$123.45=1\times10^2+2\times10^1+3\times10^0+4\times10^{-1}+5\times10^{-2}$

例 5-2　写出二进制数 $(110101.101)_2$ 按权展开表达式。

$(110101.101)_2=1\times2^5+1\times2^4+0\times2^3+1\times2^2+0\times2^1+1\times2^0+1\times2^{-1}+0\times2^{-2}+1\times2^{-3}$

例 5-3　写出十六进制数 $(56AB.C9)_{16}$ 按权展开表达式。

$(56AB.C9)_{16}=5\times16^3+6\times16^2+10\times16^1+11\times16^0+12\times16^{-1}+9\times16^{-2}$

4. 数制转换

将数从一种数制转换为另一种数制的过程，称为数制转换。一般转换的原则：如果两个有理数相等，则两个数的整数部分和小数部分分别相等，因此，数据之间进行转换时，通常对整数部分和小数部分分别转换，然后用小数点连接。

(1) N 进制转换为十进　转换的方法是：将 N 进制 D（二、八、十六进制）按权展开的多项式求和表达式，然后按十进制运算规律对多项式各项数值求和，得到多项式的值即为 N 进制的数 D 所对应的十进制数值。

例 5-4　将二进制 $(101.101)_2$ 转换为十进制。

$(101.101)_2=1\times2^2+0\times2^1+1\times2^0+1\times2^{-1}+0\times2^{-2}+1\times2^{-3}=5.625$

简易计算：在二进制数位为 1 的下方分别写上对应的权，再相加。

二进制位	1	0	1	.	1	0	1
对应权	4		1		0.5		0.125

各位权相加的结果为：5.625。

例 5-5 将八进制 $(521.14)_8$ 转换为十进制。

$(521.14)_8=5\times8^2+2\times8^1+1\times8^0+1\times8^{-1}+4\times8^{-2}=337.1875$

简易计算：在八进制数位为非 0 的下方分别写上对应的权，对应相乘后，再相加。

八进制位	5	2	1	.	1	4
对应权	64	8	1		0.125	0.015625
位权相乘	320	16	1		0.125	0.0625

各位的位权相乘的积相加的结果为：337.1875。

例 5-6 将十六进制（A81.C5）$_{16}$ 转换为十进制。

$(A81.C5)_{16}=10\times16^2+8\times16^1+1\times16^0+12\times16^{-1}+5\times16^{-2}+1\times16^{-3}=43024.76953$

简易计算：在十六进制数位为非 0 的下方分别写上对应的权，对应相乘后，再相加。

十六进制位	10	8	1	.	12	5
对应权	4096	256	16		0.0625	0.00390625
位权相乘	40960	2048	16		0.75	0.01953125

各位位权相乘的积相加的结果为：43024.76953。

（2）十进制转换为 N 进制　将十进制数转换为 N 进制（如二、八、十六进制）的等效表示，也是分成整数与小数两部分，分别转换，然后再组合起来。

整数部分的转换采用“除 N（2、8、16）取余”法。其转换原则是：将待转换的十进制数除以 N，得到一个商和余数（K_0），再将商除以 N，又得到一个新商和余数（K_1），如此反复，得到的商是 0 时得到余数（K_{n-1}），然后将所得到的各位余数，以最后余数为最高位，最初余数为最低位依次排列，即 K_{n-1}、K_{n-2}、…、K_1、K_0，就是该十进制数整数部分转换为对应的 N 进制数的整数部分。这种方法又称为“倒序法”。

小数部分的转换采用“乘 N（2、8、16）取整”法。其转换原则是：将十进制数的小数乘以 N，取乘积中的整数部分作为相应 N 进制数小数点后最高位 K_{-1}，反复乘 N，逐次得到 K_{-2}、K_{-3}、…、K_{-m}，直到乘积的小数部分为 0 或达到所要求的精确度为止。然后把每次乘积的整数部分由上而下依次排列起来，即（K_{-1}、K_{-2}、…、K_{-m}），就是该十进制数小数部分转换为 N 进制数的小数部分。这种方法又称为“顺序法”。

例 5-7 将十进制 124.534 转换成二进制数，小数部分精确到 5 位。

整数部分（124）的转换：

除数	被除数	取余数	余数	
2	124	…	0 (K_0)	
2	62	…	0 (K_1)	低
2	31	…	1 (K_2)	↓
2	15	…	1 (K_3)	↓
2	7	…	1 (K_4)	↓
2	3	…	1 (K_5)	高
2	1	…	1 (K_6)	
	0			

即：$124=(1111100)_2$

小数部分（.532）的转换：

算式	取整数	整数	
.532 × 2 = 1.064	…	1 (K_{-1})	低
× 2 = 0.128	…	0 (K_{-2})	↓
× 2 = 0.256	…	0 (K_{-3})	↓
× 2 = 0.512	…	0 (K_{-4})	↓
× 2 = 1.024	…	1 (K_{-5})	高

即：$.532=(.10001)_2$

组合的结果为：$124.532=(1111100.10001)_2$

注意：十进制小数部分常常不能准确地换算为二（或八、十六）进制，存在转换误差，只能精确到一定的小数位数。

例 5-8　将十进制 1228.258 转换成八进制数，小数部分精确到 4 位。

整数部分（1228）的转换：

除数	被除数	取余数	余数	
8	1228	…	4 (K_0)	低
8	153	…	1 (K_1)	↑
8	19	…	3 (K_2)	↑
8	2	…	2 (K_4)	高
	0			

即：$1228=(2314)_8$

小数部分（.258）的转换

	取整数	整数	
.258			高
× 8			
2.064	…	2 (K_{-1})	↓
× 8			
0.512	…	0 (K_{-2})	
× 8			
4.096	…	4 (K_{-3})	低

即：$.258=(.204)_8$

组合的结果为：$1228.258=(2314.204)_8$

（3）二进制与八进制的转换　由于 $2^3=8$，所以 1 位八进制相当于 3 位二进制，八进制与二进制之间相互转换是精确的，且非常容易。

将八进制转换为二进制的方法：以小数点为中心，向左向右每 1 位八进制用相应的 3 位二进制取代即可，如果不足 3 位，前面补 0。反之，二进制转换为相应的八进制，也是以小数点为中心，向左向右每 3 位二进制（前不足 3 位的，前面补 0，后不足 3 位的，后面补 0）用相应的 1 位八进制取代。

例 5-9　将八进制（423.45）8 转换为二进制。

4	2	3	.	4	5
100	010	011	.	100	101

即：$(423.45)_8=(100010011.100101)_2$

例 5-10　将二进制数（1101010100.10111）2 转换为八进制。

001	101	010	.	101	110
1	5	2	.	5	6

即：$(1101010100.10111)_2=(1524.56)_8$

（4）二进制与十六进制的转换　由于 $2^4=16$，所以 1 位十六进制相当于 4 位二进制数，十六进制与二进制之间相互转换是精确的，且非常容易。

将十六进制转换为二进制转换方法：以小数点为中心，向左向右每 1 位八进制用相应的 4 位二进制取代即可，如果不足 4 位，前面补 0。反之，二进制转换为相应的十六进制，也是以小数点为中心，向左向右每 4 位二进制（前不足 4 位的，前面补 0，后不足 4 位的，后面补 0）用相应的 1 位八进制取代。

例 5-11　将十六进制 $(C82.D5)_{16}$ 转换为二进制。

C	8	2	.	D	5
1100	1000	0010	.	1101	0101

即：$(C82.D5)_{16}=(110010000010.11010101)_2$

例 5-12　将二进制数 $(1101010100.10111)_2$ 转换为十六进制。

0011	0101	0100	.	1011	1000
3	5	4	.	B	8

即：$(1101010100.10111)_2 = (354.B8)_{16}$

任务 2　英文编码

由于字符是常用的非数据型数据，在计算机信息处理中占有极其重要的地位，它是用户和计算机之间的桥梁。用户使用计算机的输入设备，通过键盘上的字符键向计算机内输入命令和数据，计算机把处理后的结果也以字符的形式输出到屏幕或打印机等输出设备。这就需要对字符进行编码，建立字符与二进制串之间的对应关系，以便于计算机识别、存储和处理。

目前使用最广泛的英文字符是美国信息交换标准代码，简称 ASCII 码（American Standard Code for Information Interchange）。

（1）ASCII 编码　ASCII 由 7 位二进制数对字符进行编码，即用 0000000~1111111 共 2^7（128）个不同的数码串分别表示常用的 128 字符，见表 5-4。数字 0~9、字母 A~Z、a~z 都是按顺序排列的，通过表可以查询任意一个字符的编码，其排列次序为 $d_6d_5d_4d_3d_2d_1d_0$。

例 5-13　确定 J 的 ASCII 编码。

查表 5-4，J 的 ASCII 编码是：1001010（4AH）。

表 5-4　　ASCII 字符编码表

$d_6d_5d_4$ / $d_3d_2d_1d_0$	000	001	010	011	100	101	110	111
0000	NUL	DEL	SP	0	@	P	、	P
0001	SOH	DC1	!	1	A	Q	a	q
0010	STX	DC2	”	2	B	R	b	r
0011	EXT	DC3	#	3	C	S	c	s
0100	EOT	DC4	$	4	D	T	d	t
0101	ENQ	NAK	%	5	E	U	e	u
0110	ACK	SYN	&	6	F	V	f	v
0111	BEL	ETB	,	7	G	W	g	w
1000	BS	CAN	(	8	H	X	h	x
1001	HT	EM	)	9	I	Y	i	y
1010	LF	SUB	*	:	J	Z	j	z
1011	VT	ESC	+	;	K	[	k	{
1100	FF	FS	,	<	L	\	l	⊥
1101	CR	GS	–	=	M	]	m	}
1110	SD	RS	.	>	N	∧	n	~
1111	SI	US	/	?	O	_	o	DEL

ASCII 码字符可分为两大类：

① 打印字符：即从键盘输入并显示的字符，共 95 个，包括大小写英文字母 52 个，数字 0~9 共 10 个，专用符号 33 个。其中数字字符的高 3 位编码为 011，低 4 位为 0000~1001，正好是二进制形式的 0~9；英文字符的大小写在同一行，相差 32 位，方便记忆。

② 非打印字符：即不对应任何可印刷字符，共 33 个，其编码为 0000000 ~ 0011111 和 1111111。非打印字符通常为控制符，用于计算机通信中的通信控制或对设备的功能控制。如编码值为 127（1111111），是删除控制 DEL 码，它用于删除光标之后的字符。

（2）ASCII 存储　用一个字节存储一个字符，低七位由 ASCII 码占用，最高位补 0，作为校验码，用来加强字符的识别能力。特别注意，英文编码是 7 位二进制，存储时占用一个字节，是 8 位二进制。

任务3　中文编码

用计算机处理中文时，必须先将中文编码化，从汉字的输入、处理到输出，不同阶段采用不同的编码，汉字的主要编码有：汉字的输入码、区位码、汉字交换码、汉字内码、汉字字形码。

计算机处理汉字的过程是通过汉字输入码将汉字信息输入到计算机内部，再用汉字交换码和汉字内码对汉字进行信息加工、转换、处理，最后使用汉字字形码将汉字从显示器上显示出来，或从打印机打印出来。

1. 区位码

国家标准局 1980 年颁布的 GB 2312—1980《信息交换用汉字编码字符集　基本集》，其中共有 7445 个字符符号：其中汉字符号 6763 个（一级汉字 3755 个，按汉语拼音字母顺序排列；二级汉字 3008 个，按部首笔划顺序排列），非汉字符号 682 个。

GB 2312—1980《信息交换用汉字编码字符集　基本集》规定，所有 7445 个字符符号组成一个 94×94 的方阵。在此方阵中，每一行称为一个“区”（区号为 01 到 94），每一列称为一个“位”（位号为 01 到 94）。一个字符符号所在的区号和位号的组合就构成了该汉字的“区位码”。

区位码用 4 位十进数表示，其中，高两位为区号，低两位为位号。区位码与字符符号是一一对应关系，一个字符符号的区位码是唯一的，没有重码，区位码表见表 5-5。汉字从 16 区开始编码，从表中查得“中”的区位是：5448。“国”的区位码是：2590。

表 5-5　　区位码表

区＼位	01	…	48	…	90	…	94
01							
…							
16	啊		靶		苞		剥
…							
25	埂		剐		国		哈
…							
54	帧		中		助		筑
…							
94							

2. 汉字编码——国标码（交换码）

GB 2312—1980《信息交换用汉字编码字符集　基本集》规定的汉字交换码作为国家标准汉字编码。交换码又称国标码。国标码规定，每个汉字（包括非汉字的一些符号）用2个字节即16位二进制表示（书写时用16进制），每个字节使用低7位，最高位补0，汉字国标码由区位转换得到，转换规则如下：

先把区位码的区号、位号分别转换为十六进制，再分别加20H（十进制32），即：

国标码高位H=区码H+20H

国标码低位H=位码H+20H

高位低位组合一起，构成国标码16进制表示。

例5-14　计算“中”的国标码

查区位表得“中”的区号：54，十六进制为：36H

位号：48，十六进制为：30H

“中”国标码高位：区号H+20H=36H+20H=56H

低位：位号H+20H=30H+20H=50H

“中”的国标码为：5650H

GB 2312—1980是最早制定的汉字编码，包括6763个汉字和682个其他符号，1995年重新修订了编码，命名GBK 1.0，共收录了21886个符号。之后又推出了GBK 18030编码，共收录了27484个汉字，同时还收录了藏文、蒙文、维吾尔文等主要的少数民族文字，现在Windows平台必须要支持GB 18030—2005编码。按照GB 18030—2005《信息技术　中文编码字符集》、GBK 1.0、GB 2312—1980《信息交换用汉字编码字符集　基本集》的顺序，3种编码是向下兼容，同一个汉字在三个编码方案中是相同的编码。

3. 汉字存储——内码

汉字机内码是计算机系统对汉字进行存储、处理传输统一使用的代码。在计算机中，内码由国标码转换得到，规则如下：

国标码=区位码H+2020H

内码H=国标码H+8080H=区位码H+A0A0H

即把国标码每个字节的最高位由0改为1，其余位不变。

例5-15　计算“中”“国”的内码。

计算方法如表5-6所示。

表5-6　“中”“国”内码计算方法

汉字	区位码 十进制	区位码 十六进制	国标码 区位码H+2020H	内码 国标码H+8080H
中	5448	3630H	5650H	D6D0H
国	2590	195AH	397AH	B9FAH

4. 输入码

输入码又称外码，是指直接从键盘输入汉字而设计的一种编码。

对于同一汉字而言，输入法不同，其输入码也是不同的。例如，对于汉字“啊”，在区位码输入法中的输入码是1601，在拼音输入中的输入码是a，而在五笔字型输入法中是 KBSK。但汉字的内码却是一样的，在计算机内部存储的汉字使用汉字内码处理。

汉字的输入码种类繁多，大致有 4 种类型，即音码、形码、数字码和音形码。

5. 字形码

汉字在显示和打印输出时，是以汉字字形信息表示的，即汉字的字形码。计算机显示一个汉字的过程首先是根据其内码找到该汉字字库中的地址，然后将该汉字的字形在屏幕上输出。因而每一个汉字的字形都必须预先存放在计算机内。GB 2312—1980《信息交换用汉字编码字符集　基本集》中所有字符的形状描述信息集合在一起，形成字形信息库，称为字库。通常有点阵字库和矢量字库。

点阵字库是以点阵的方式形成汉字图形，常用作显示字库使用，根据汉字输出的精度要求，有不同的点阵，主要有 16×16、24×24、32×32 等。在汉字的点阵中每个点的信息用一位二进制码来表示，“1”表示对应的位置处是黑点，“0”表示对应的位置处是空白。字形点阵的信息量很大，所占据的存储空间也很大，如 16×16 点阵，每个汉字在占 32 个字节，存储一、二级汉字及符号共 8836 个，需要 276. 125KB 磁盘空间。此外，点阵字库汉字最大的缺点是不能放大，一旦放大后就会发现文字边缘的锯齿。

矢量字库保存的是对每一个汉字的描述信息，比如一个笔划的起始、终止坐标，半径、弧度等。在显示、打印这一类字库时，要经过一系列的数学运算才能输出结果，但是这一类字库保存的汉字理论上可以被无限地放大，笔划轮廓仍然能保持圆滑，现在打印时使用的字库均为此类字库。

Windows 使用的字库也为以上两类，在 FONTS 目录下，如果字体扩展名为 FON，表示该文件为点阵字库，扩展名为 TTF 则表示为矢量字库；点阵字库文件的图标为一个红色的“A”，矢量字库图标是两个“T”。

模块六

计算机网络概述

计算机网络是现代通信技术与计算机技术相结合的产物，它是把分布在不同地理区域的计算机与专门的外部设备用通信线路互连成一个规模大、功能强的网络系统，从而使众多的计算机可以互相传递信息、达到资源共享的目的。

用户可以通过网络传送电子邮件、发布新闻消息、进行实时聊天，还可以进行电子购物、电子贸易以及进行远程视频教育等。

任务 1　网络基础知识

1. 计算机网络概念

计算机网络是计算机技术与通信技术相结合的产物，把分布在不同地理位置上的具有一定功能的计算机，通过通信设备和通信线路相互连接起来，在通信软件的支持下实现数据传输和资源共享的系统。

最简单的计算机网络是将两台计算机互连，而 Internet 则是将世界各地的计算机连接起来的庞大计算机网络。

2. 计算机网络分类

计算机网络千变万化，可以从不同角度进行分类，常见的分类方法有如下几种。

（1）按网络的覆盖范围划分　这是划分网络最常用的方法，按照一个网络所占有的地理范围的大小划分成如下三种：

① 局域网（LAN）：覆盖范围有限，一般不超过 10 千米，属于一个部门或一个单位自己组建的小型网络，比如一个宿舍里的网络，一个学校的校园网。

② 广域网（WAN）：覆盖的范围很大，可达几千千米，例如一个国家或洲际之间建立的网络。世界上最大的广域网是 Internet。

③ 城域网（MAN）：覆盖范围介于局域网和广域网，现在提得不多，多数情况下划入广域网的范畴。

（2）按网络的拓扑结构划分　可分为总线型、星型、环型、树型、网状型。

（3）根据网络所使用的传输介质划分　可分为双绞线网络、同轴电缆网络、光纤网络、微波网络和卫星网络等。

3. 网络拓扑结构

计算机网络的拓扑结构是用相对简单的拓扑图形式表达计算机网络中各个站点相互连接的方法和形式。

（1）总线型拓扑结构　总线型拓扑结构采用单根传输线作为传输介质，网络上的所有站点都通过相应的硬件接口直接连到这一公共传输介质上，该公共传输介质即称为总线。如图 6-1 所示，当一个站点要通过总路线进行传输时，它必须确定该传输介质是否正被使用，如果没有其他站点正在传输，就可以发送信号了，信号能被所有其他站所接收，然后判断其地址是否与接收地址匹配，若不匹配，则发送到该站点的数据将被丢弃。

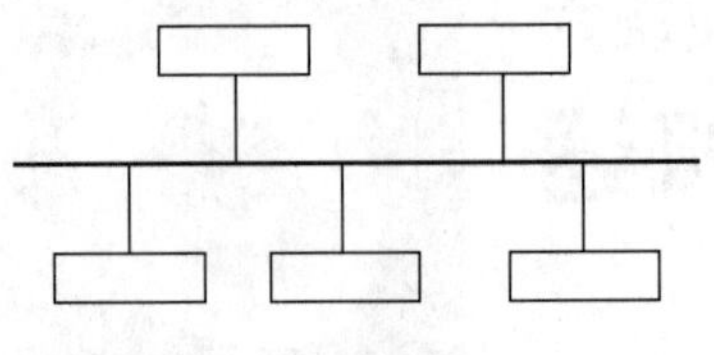
图 6-1　总线型拓扑结构

总线拓扑结构的优点：总线结构所需要的电缆数量少；总线结构简单，又是无源工作，有较高的可靠性；易于扩充，增加或减少用户比较方便。

总线拓扑结构的缺点：总线的传输距离有限，通信范围受到限制；故障诊断和隔离较困难。

（2）星型拓扑结构　星型拓扑是由中央节点和通过点到点通信链路接到中央节点的各个站点组成，如图 6-2 所示。中央节点执行集中式通信控制策略，因此中央节点相当复杂，而各个站点的通信处理负担都很小。

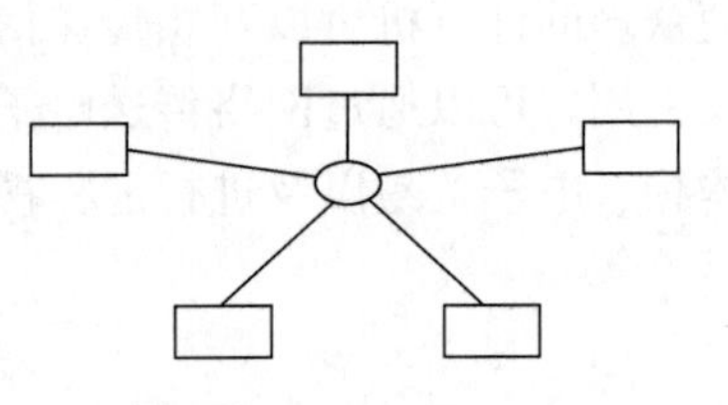
图 6-2　星型拓扑结构

星型拓扑结构具有以下优点：

① 控制简单：在星型网络中，任何一站点只和中央节点相连接，因而媒体访问控制方法很简单，导致访问协议也十分简单。

② 故障诊断和隔离容易：在星型网络中，中央节点对连接线路可以逐一地隔离开来进行故障检测和定位，单个连接点的故障只影响一个设备，不会影响全网。

③ 方便服务：中央节点可方便地对各个站点提供服务和网络重新配置。

星型拓扑结构的缺点：

① 电缆长度和安装工作量可观：因为每个站点都要和中央节点直接连接，需要耗费大量的电缆，安装、维护的工作量也骤增。

② 中央节点的负担较重，形成瓶颈：一旦发生故障，则全网受影响，因而对中央节点的可靠性和冗余度方面的要求很高。

③ 各站点的分布处理能力较低。

（3）环型拓扑结构　环型拓扑结构是一个像环一样的闭合链路，在链路上有许多中继器和通过中继器连接到链路上的节点。也就是说，环型拓扑结构网络是由一些中继器和连接到中继器的点到点链路组成的一个闭合环。在环型网中，所有的通信共享一条物理通道，即连接网中所有节点的点到点链路，如图 6-3 所示。

环型拓扑的优点：

① 电缆长度短：环型拓扑网络所需的电缆长度和总线拓扑网络相似，但比星型拓扑网络要短得多。

② 增加或减少工作站时，仅需简单的连接操作。

③ 可使用光纤：光纤的传输速率很高，十分适合于环型拓扑的单方向传输。

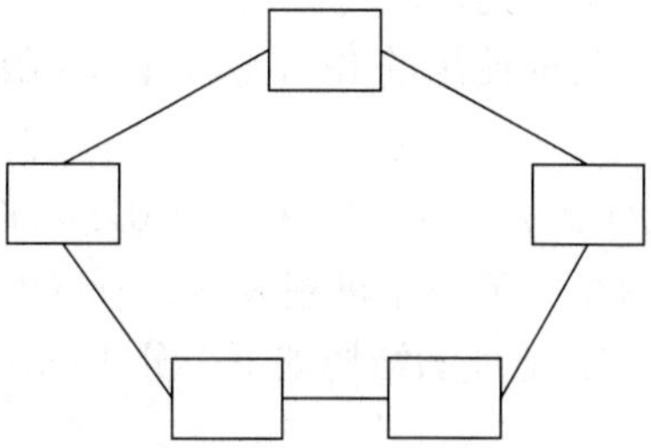

环型拓扑的缺点：

① 节点的故障会引起全网故障：这是因为环上的数据传输要通过接在环上的每一个节点，一旦环中某一节点发生故障就会引起全网的故障。

图6-3　环型拓扑结构

② 故障检测困难：这与总线拓扑相似，因为不是集中控制，故障检测需在网上各个节点进行，因此就不很容易。

③ 环型拓扑结构的媒体访问控制协议都采用令牌传递的方式，在负载很轻时，信道利用率相对来说就比较低。

（4）树型拓扑结构　树型拓扑从总线拓扑演变而来，形状像一棵倒置的树，顶端是树根，树根以下带分支，每个分支还可再带子分支，如图 6-4 所示。树根接收各站点发送的数据，然后再广播发送到全网。

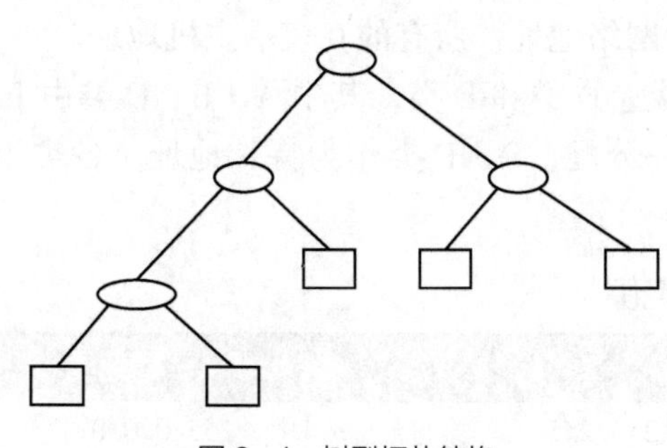

图6-4　树型拓扑结构

树型拓扑的优点：

① 易于扩展：这种结构可以延伸出很多分支和子分支，这些新节点和新分支都能容易地加入网内。

② 故障隔离较容易：如果某一分支的节点或线路发生故障，很容易将故障分支与整个系统隔离开来。

树型拓扑的缺点：

各个节点对根的依赖性太大，如果根发生故障，则全网不能正常工作。从这一点来看，树型拓扑结构的可靠性有点类似于星型拓扑结构。

（5）网状型拓扑结构　网状拓扑结构如图 6-5 所示。这种结构在广域网中得到了广泛的应用，它的优点是不受瓶颈问题和失效问题的影响。由于节点之间有许多条路径相连，可以为数据流的传输选择适当的路由，从而绕过失效的部件或过忙的节点。这种结构虽然比较复杂，成本也比较高，提供上述功能的网络协议也较复杂，但由于它的可靠性高，仍然受到用户的欢迎。

4. IP 地址

在 TCP/IP 网络中，为了标识每一台主机，必须给其分配一个唯一的 IP 地址。同一台主机可以设置多个 IP 地址，但一个 IP 地址只能分配给一台主机，不能在 TCP/IP 网络中，存在两台主机具有相同的 IP 地址。这里的主机不仅仅指计算机，还包括一些通信设备，如交换机、路由

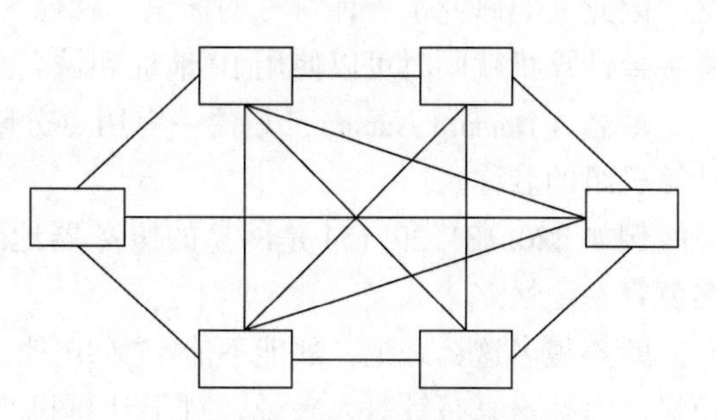

图6-5　网状拓扑结构

器，甚至是网络打印机。

目前使用的 IP 地址是 IPV4 版本，由 32 位二进制组成，分为 4 个字节，每 8 位二进制数位为一个字节，中间用点号“.”分割，例如：11000000. 10101000. 01100101. 00000101。通常 IP 地址采用“点分”十进制表示，也就是每个字节用十进制表示，所以上面的 IP 地址表示为：192. 168. 101. 5。

IP 地址的结构如下：分为网络标识和主机标识（主机 ID）。网络标识表示计算机所在的是哪个网络，主机标识就表示计算机在该网络中的标识，如图 6-6 所示。

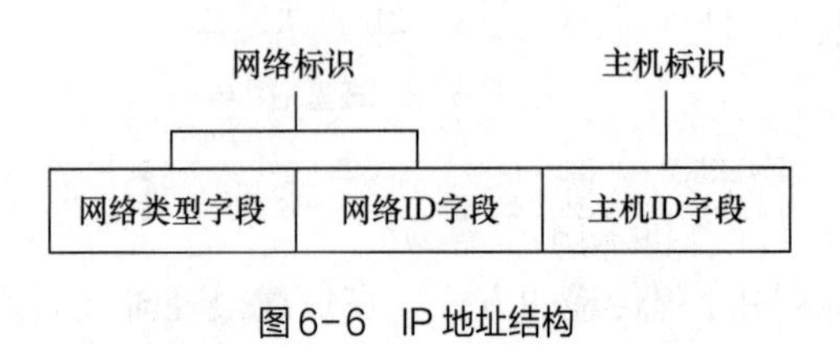

图 6-6　IP 地址结构

IP 地址分配的基本原则：为同一网络内的所有主机分配相同的网络标识号，同一网络内的不同主机分配不同的主机标识以区分主机，不同网络的主机具有不同的网络标识号，但是可以具有相同的主机标识。

当给主机分配了一个 IP 地址之后，还要配置一个子网掩码。子网掩码用来区分网络标识和主机标识，并判断目的主机的 IP 地址是属于本地网段还是远程网段，它是一个与 IP 地址对应的 32 位数字，其中用所有的 1 表示网络地址，所有的 0 表示主机地址。

IP 地址总共分为 5 类，即 A 类、B 类、C 类、D 类和 E 类，其中 A、B、C 类由 InterNIC（Inter 网络信息中心）在全球范围内统一分配，D、E 类作为特殊地址。各类 IP 地址的范围和默认子网掩码范围见表 6-1。

表 6-1　IP 地址的范围

类别	IP 地址范围	默认子网范围
A 类	0. 0. 0. 0~126. 255. 255. 255	255. 0. 0. 0
B 类	128. 0. 0. 0~191. 255. 255. 255	255. 255. 0. 0
C 类	192. 0. 0. 0~223. 255. 255. 255	255. 255. 255. 0

备注：IP 地址为 127. 0. 0. 0~127. 255. 255. 255 的可作为循环测试用的保留 IP 地址。

通过 IP 地址的第一个字节的数字，就可以判断该 IP 属于哪类 IP 地址。比如 IP 地址 202. 116. 191. 1 的第一个字节是 202，查表可知其属于 C 类 IP 地址。

5. 域名系统

IP 地址是个 32 位的二进制地址，用点分十进制来表示，它十分冗长，而且不便记忆。因此人们研究了一种符号型标识，就像人类的姓名一样，用来标识一台计算机，这样一台计算机就同时可以使用 IP 地址和域名来标识。

域名（Domain Name），是由一串用点分隔的名字组成的 Internet 上某一台计算机或计算机组的名称。

例如 220. 181. 29. 154 是网易的服务器地址，不便记忆，但 http://www. 163. com 域名就容易记忆。

既然域名这么好记，那能不能不要 IP 地址呢？答案是否定的，因为虽然域名很方便记忆，但是这只是针对人来说，对于计算机来说，它只能识别数字 0 和 1，它是不能识别符号的，它能识别的只是二进制的 IP 地址。这样，人们为了方便记忆使用域名，而计算机却只能识别 IP 地址，那么就必须存在一个能将域名转为 IP 地址，或将 IP 地址转为域名的系统。

域名系统就是能将域名和 IP 地址进行相互转换的软件。域名服务器就是用来处理域名和 IP 地址转换的计算机，也就是安装了域名系统的计算机。

有了域名之后，就可以给一个组织里的某台计算机起个名字来标识它。通常每台计算机的标准名称包括域名和主机名，之间用原点分割，第一段是主机名，后面的是域名，见表 6-2。

表 6-2　域名组成

www	.	163	.	com		
万维网		网易主机名		商业域名		
www	.	pku	.	edu	.	cn
万维网		北京大学主机名		教育域名		国家域名

标准名称的命名规则是从右到左越来越小，从右到左是顶级域名、次高域名、最低域名、主机名，各层间用原点“.”分割，域名对大小写是不敏感的。

Internet 中域名的顶层分为两大类：通用顶级域名和国家顶级域名。通用顶级域名，见表 6-3。国家顶级域名，见表 6-4。

表 6-3　通用顶级域名

域名代码	用途	域名代码	用途
com	商业组织	art	突出文化单位
edu	教育机构	firm	公司、企业
gov	政府部门	info	提供信息服务单位
mil	军事部门	nom	代表个人
org	非盈利组织	rec	突出消遣娱乐活动单位
net	主要网络支持中心	store	销售公司或企业
int	国际组织	web	突出 www 活动单位

表 6-4　国家顶级域名

域名	国家和地区	域名	国家和地区
au	澳大利亚	in	印度
ca	加拿大	jp	日本
cn	中国	kr	韩国
hk	中国香港	us	美国
tw	中国台湾	nl	荷兰
de	德国	uk	英国
ru	俄罗斯	nz	新西兰
fr	法国	it	意大利

在 Internet 中，域名具有唯一性，即独一无二的，为了做到这一点，在使用域名之前，首先得向管理域名的组织进行申请，管理域名的组织需要保证域名的唯一性。

综上所述，IP 地址和域名都可以用来表示网络上的某台计算机，那么 IP 地址和域名之间的关系又如何呢？IP 地址与域名地址是一对多的关系，也就是说多个不同的域名可以对应同一个 IP 地址。

任务 2　网络基本组成

计算机网络由软件部分和硬件部分组成，其中软件部分包括网络协议、网络操作系统、网络服务；硬件部分包括网络服务器、网络工作站、网络设备等。

1. 软件部分

(1) 网络协议　网络协议是通信双方必须遵守的规则、标准或某种约定的集合。常见的协议有 TCP/IP、IPX、AppleTalk 等。

TCP/IP 协议称为传输控制协议/国际协议，它是 Internet 的基础。TCP/IP 协议是网络中使用的基本通信协议。

虽然从名字上看 TCP/IP 包括两个协议：传输控制协议（TCP）和网际协议（IP），而实际上 TCP/IP 是一组协议，它包括上百个协议，如远程登录、文件传输和电子邮件协议等，而 TCP 协议和 IP 协议是保证数据完整传输的两个基本的重要协议。一般来说，TCP/IP 要 Internet 协议簇，而不单单是 TCP 和 IP。

(2) 网络操作系统　网络系统软件是控制和管理网络运行、提供网络通信、分配和管理共享资源的网络软件。其中包括网络操作系统、网络协议软件（如 TCP/IP 软件）、通信控制软件和管理软件等。

网络操作系统是网络软件的核心软件，除有一般操作系统的功能外，还具有管理计算机网络的硬件资源与软件资源、计算机网络通信和计算机网络完全等方面的功能。

目前流行的网络操作系统有 Windows 2000 Server、Windows NT 4.0、Windows Server 2016、UNIX、Linux 和 Net Ware 等。Windows 7 也具有一定的网络管理功能，但不属于专业的网络操作系统。

(3) 网络通信软件　网络通信软件是实现网络工作站之间的通信基础。

(4) 网络管理软件　网络管理软件主要是对网络资源进行管理和维护的软件。

(5) 网络应用软件　网络应用软件分为两类：一类是用来扩充网络操作系统功能的软件，如浏览器软件、电子邮件客户软件、文件传输（FTP）软件、BBS 客户软件、网络数据库管理软件等；另一类是基于计算机网络应用而开发出来的用户软件，如民航售票系统、远程物流管理软件等。

2. 硬件部分

(1) 网络服务器　网络服务器是网络中为其他计算机提供某种服务的计算机。常见的网络服务器有 WWW 服务器、FTP 服务器、电子邮件服务器、DNS 服务器等。

(2) 网络工作站　网络工作站是网络用户实际操作的计算机，通常是 PC 机，主要完成信息浏览，文件传输、桌面数据处理等功能。

(3) 网络连接设备　网络连接设备是将不同地理位置上的计算机相互连接在一起的设备，例如双绞线、同轴电缆、网卡、Modem、集线器、交换机、路由器等。

① 网络适配器：又称网络接口卡，简称网卡。网卡是构成网络必需的基本设备，插在计算机扩展槽中，有的网卡也集成于计算机主板中，用于将计算机和传输媒介相连。

目前，最常用的网卡接口是 RJ-45 接口，这种接口通过双绞线连接网络，通常是连接到集线器或交换机。另外，还有用于连接同轴电缆的 BNC 接口，用于连接光纤线缆的光纤接口，光纤接口的类型较多，如 FC、SC 和 ST 等。

② 调制解调器：是实现计算机通过公用电话网（PSTN）接入网络（通常是接入 Internet）的设备，它具有调制和解调两种功能，以实现模拟信号与数字信号之间的相互转换。调制解调器分外置和内置两种，外置调制解调器是在计算机机箱之外使用的，一端用线连接在计算机上，另一端与电话线连接。内置调制解调器集成在计算机主板中。

③ 集线器：是网络传输媒介中的中间节点。常在星型网络中充当中心节点的角色，是局域网的基本连接设备。

④ 路由器：是指通过相互连接的网络，把信号从源结点传输到目的节点的活动。一般来说，在路由器过程中，信号将经过一个或多个中间节点。路由是为一条信息选择最佳传输路径的过程，是实现网络互连的通信设备。在复杂的互联网网络中，路由器为经过该设备的每个数据帧（信息单元）寻找一条最佳传输路径，并将其有效地转到目的节点。

⑤ 交换机：是集线器的升级换代产品。交换机还有物理编址、错误检验及信息流量控制等功能。目前一些高档交换机还具备对虚拟局域网（VLAN）的支持，对链路汇聚的支持，甚至有的还具有路由和防火墙等功能。交换机是目前最热门的网络设备，既用于局域网，也用于 Internet。

除上面介绍的网络连接设备外，还有中继器（Repeater）、网桥（Bridge）、网关（Gateway）、收发器（Transceiver）等网络设备。

随着无线局域网技术的推广应用，发展起来越来越多的无线网络设备（如无线网卡、无线网络路由器等），用于组建无线局域网。

3. C/S 结构和 B/S 结构

网络及其应用技术的发展，推动了网络计算模式的不断更新。网络计算机模式主要有 C/S 模式与 B/S 模式两种。

（1）C/S 结构　C/S（Client/Server）结构又称 C/S 模式或客户机/服务器模式，是以网络为基础，以数据库为后援，把应用分布在客户机和服务器上的分布处理系统。服务器提供共享资源和储存、打印等各类服务，通常采用高性能的微机或小型机，并采用大型数据库系统，如 Oracle、SQL Server 等。客户机又称工作站，它向服务器请求服务，并接受服务器提供的各种服务。C/S 的优点是能充分发挥客户机的处理能力，很多工作可以在客户机处理后再提供给服务器；缺点是只适用于局域网，客户机需要安装专用的客户机软件，系统软件升级时每一台客户机需要重新安装客户机软件。

（2）B/S 结构　B/S（Browser/Server）结构又称 B/S 模式或浏览器/服务器模式，是 Web 兴起后的一种网络结构模式。服务器端除了要建立文件服务器或数据库服务器外，还必须配置一个 Web 服务器，如 Microsoft 公司的 IIS（Internet Information Server），负责处理客户的请求并分发相应的 Web 页面。客户端上只要安装一个浏览器即可，如 Internet Explorer。客户端通常也不直接与后台的数据库服务器通信，而是通过相应的 Web 服务器“代理”，以间接的方式进行。

B/S 结构最大的优点是系统的使用和扩展非常容易，只要有一台能上网的计算机并拥有由系统管理员分配的用户名和密码，就可以使用了。甚至可以在线申请，通过公司内部的安全认证（如 CA 证书）后，不需要人的参与，系统可以自动分配给用户一个进入系统的账号。B/S 架构的软件只需要管理服务器就行了，所有的客户端只是浏览器，根本不需要做任何的维护。这种模式统一了客户机，将系统功能实现的核心部分集中到服务器上，简化了系统的开发、维护和使用。目前，B/S 结构的应用越来越广泛。

任务 3　网络应用

WWW（World Wide Web）即“环球信息网”，或称“万维网”，它采用 HTML（超文本标记语言）的文件格式，并遵循 HTTP（HyperText Transfer Protocol：超文本传输协议）。它最主要的特征就是它有许多超文本链接（Hypertext Links），通过上面的超文本链接，可以打开新的网页或者新的网站，可以到世界任何网站上调来我们所需要的文本、图像和声音等信息资源。

1. 基础概念

URL（Uniform Resource Locator）即“统一资源定位符”，它是用来标识 Web 上文档的标准方法，也就是 Web 上可用的每种资源（HTML 文档、图像、视频、声音等）的地址。URL 一般由三部分组成：

（1）访问资源的传输协议　由于不同的网络资源使用不同的传输协议，因此，其 URL 也略有不同。除了前面所说的 HTTP 传输协议之外，常用的还有 FTP 文件传输协议。例如，对于域名为 whut. edu. cn 的服务器，如果我们要浏览它上面的网站的首页，那么 URL 为 http：//www. whut. edu. cn。如果我们要浏览它上面的 ftp 文件时，其 URL 为 ftp：//ftp. whut. edu. cn。

（2）服务器名称　对于 URL 为 http：//www. whut. edu. cn 中的 www. whut. edu. cn 就是我们所要访问的网站的服务器名称，其中 www 为所提供的服务名称，而 whut. edu. cn 为其域名。

（3）目录或文件名　同一个服务器上，可能有很多个目录或文件供访问，为了准确的定位它们，需要明确地标明，例如：要访问 www. nhic. edu. cn 服务器下的 info 目录下面的 news. htm 文件，就要写成 http：//www. whut. edu. cn/info/news. htm。

2. 浏览网页

计算机连接到 Internet 之后，就可以通过浏览器打开网页。

（1）访问网页　在浏览器地址栏中，输入网页地址，例：http//www. hao360. com，按“Enter”键，打开对应的网页，如图 6-7 所示。

（2）保存网页　通过浏览过打开需要保存的网页，单击浏览器的“文件”菜单，选择“另存为”，弹出“保存网页”对话框，在“文件名”文本框中输入名称，选择网页保存的类型，单击保存。

保存网页有四种类型供选择，如下所述。

① 网页，全部（＊. htm；＊html）类型：选择这一类型进行网页保存时，保存该网页的 html 文件以及网页上的图片，并且图片文件和 html 分开保存。

② Web 档案，单一文件（＊. mht）：选择这一类型对网页进行保存，该网页将全部保存成一个文件，不再分离图片。

图 6-7　使用浏览器打开网页

③ 网页，仅 html（*.htm；*.html）：选择这一类型对网页进行保存时，只保存该网页的 html 文件，其他的不进行保存。

④ 文本文件（*.txt）：选择这一类型进行保存时，把该网页转换成文本格式，保存成记事本格式的文件类型。如果只需要保存网页上的文本，可以选择这一类型。

（3）保存网页图片　网页上的图片，可以单独进行保存。保存图片时，只要用鼠标右击该图片，然后选择“将图像另存为”选项，就可以进行保存。另外，有些浏览器提供了保存图片的快捷方式，当鼠标停留到图片的下面时，出现一个快捷按钮，通过单击上面的“保存”图标就可以打开保存对话框。

3. 信息检索

Internet 好比一个信息量庞大的“百科全书”，一方面，它不仅提供了文字，还提供了图片、声音、视频。包含法律法规、科技发展、商业信息、娱乐信息、教育知识等。另一方面，由于 Internet 的信息量庞大，要获取有用的信息难如大海捞针。所以就需要一种搜索服务，它将网上繁杂无章的信息整理成有条理的，按一定的规则进行分类。

在这个信息的海洋里，我们如何寻找所需要的信息呢？使用的工具就是“搜索引擎”。

搜索引擎可以帮助用户从网络上快速地查找到所需的数据。实际上是提供查询服务的一类网站，主要包括信息搜集、信息的整理和用户查询，它从 Internet 上某个网页开始，然后搜集 Internet 上所有与该页有超级链接的网页，把网页中的相关信息经过加工处理后存放到数据库中，以便用户查询。主要搜索网站有百度（www.baidu.com）等。

搜索是通过关键词来完成的，关键词就是能表达主要内容的词语。关键词的准确与否决定了搜索结果的有效性和准确度。进行搜索时，打开搜索网站，然后在搜索框内输入需要查询的关键词，然后单击“搜索”即可。如图 6-8 所示，使用百度进行搜索“幸福中国”的信息。进行搜索时，输入的关键词可以是中文、英文、数字，或者中、英文和数字的混合体。

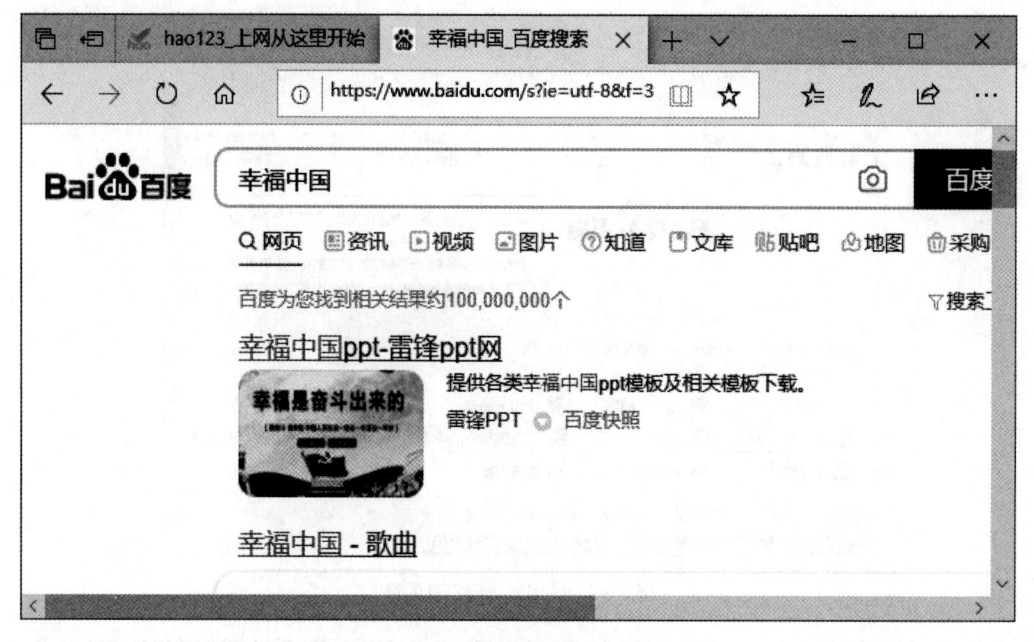

图 6-8　利用百度进行搜索

4. 电子邮件

电子邮件（Electronic mail，简称 E-mail）是一种信息的载体，在计算机上编写，通过 Internet 发送和接收，电子邮件已经成为人们日常生活中进行联系的一种通信手段，它具有快速、简便、价廉等特点。而且多媒体电子邮件不仅可以传送文本信息，而且可以传送声音、视频等多种类型的文件。

（1）电子邮件地址　要把信件送到收信人的手里，信件的地址将起到重要的作用。同样，电子信件的发送也要依靠地址来进行正确的传递。电子邮件地址的结构为：用户名@服务器域名。该地址由符号“@”分开成两部分，左边为用户名，右边为邮箱所在的邮件服务器的域名，例如，在 www.126.com 网站上申请一个用户名为“blq1001”的邮箱，那么该电子邮件的地址就为：“blq1001@126.com”。

（2）电子邮件服务器　在 Internet 网上有很多处理电子邮件的计算机，为用户存储、转发电子邮件，称为邮件服务器。

电子邮件服务器有两种类型，发送邮件服务器（SMTP 服务器）和接收邮件服务器（POP3 服务器）。发送邮件服务器遵循的是 SMTP（Simple Messing Transfer Protocol 简单邮件传输协议）协议，其作用是将用户编写的电子邮件转交到收件人手中。接收邮件服务器采用 POP3 协议，用于将其他人发送给用户的电子邮件暂时寄存，直到用户从服务器上将邮件取到本地计算机上。在电子邮件地址 @ 后是服务器地址。通常，同一台电子邮件服务器既能完成发送邮件的任务，又能让用户从它那接收邮件，这时 SMTP 服务器和 POP3 服务器的名称是相同的。

（3）写信与收信　登录 www.126.com，打开邮箱登录界面，选择“126”，输入邮箱用户名及密码，如图 6-9 所示，单击“登录”按钮，即可打开邮箱，如图 6-10 所示，通过此邮箱界面，可以进行发信、写信等工作。

图6-9　登录界面

图6-10　邮箱界面

5. 下载与上传

（1）网页下载　下载文件的方法可以有很多种，可以直接从网站下载，也可以采用下载软件进行下载，如迅雷等下载软件。

当在网站上提供下载的地址时，可以通过鼠标直接右击该地址的超链接，并选择“目标另存为”选项，然后就可以选择要保存的目录，进行直接下载。如果本机安装了下载软件，右击该超链接时，也可以选择该软件进行下载。一般来说，下载软件下载的速度比直接下载要快得多，最好选择下载软件进行文件的下载。

（2）FTP 上传和下载

如果要下载的文件是采用 ftp 进行传输时，可以通过在 Internet Explorer 地址栏中输入要下载的 ftp 地址，在“登录”对话框中，输入用户名和密码，或者以匿名登录。通过认证后，就可以链接下载站点，打开 FTP 空间，如同操作“此电脑”，在浏览器中找到所要下载的文件，采用“复制”“粘贴”操作即可把该文件下载到本地计算机上。也可以把所要上传的文件复制到该空间中，进行复制的过程需要一定的时间。对该空间的文件还可以进行删除、重命名等操作。

使用 IE 浏览器的方式访问 FTP 并不能支持自动文件续传功能，因此对于大批量的文件上传和下载，最好使用 ftp 软件，如 CuteFTP 等。

任务 4　计算机病毒

在《中华人民共和国计算机信息系统安全保护条例》中，对病毒的定义如下：计算机病毒，是指编制或者在计算机程序中插入的破坏计算机功能或者毁坏数据，影响计算机使用，并能自我复制的一组计算机指令或者程序代码。

简单地说，计算机病毒是一种特殊的危害计算机系统的程序，它能在计算机系统中驻留、繁殖和传播，它具有类似与生物学中病毒的某些特征：传染性、潜伏性、破坏性、变种性。

1. 计算机病毒的特性

计算机病毒是一种特殊的程序，与其他程序一样可以存储和执行，同时又具有其他程序没有的特性。计算机病毒具有以下特性：

（1）传染性　计算机病毒的传染性是指病毒具有把自身复制到其他程序中的特性。病毒可以附着在程序上，通过 U 盘、光盘、计算机网络等载体进行传染，被传染的计算机又成为病毒新的传染源，不断传染其他计算机。

（2）潜伏性　计算机病毒的潜伏性是指计算机病毒具有依附其他媒体而寄生的能力。计算机病毒可能会长时间潜伏在计算机中，病毒的运行是由触发条件来确定的，在触发条件不满足时，系统一般表现正常。

（3）破坏性　计算机系统被计算机病毒感染后，一旦满足病毒发作条件时，就会在计算机上表现出一定的症状。其破坏性包括：占用 CPU 时间，占用内存空间，破坏数据和文件，干扰系统的正常运行。病毒破坏的严重程度取决于病毒制造者的目的和技术水平。

（4）变种性　某些病毒可以在传播的过程中自动改变自己的形态，从而衍生出另一种不同于原版病毒的新病毒，这种新病毒称为病毒变种。有变形能力的病毒能更好地在传播过程中隐蔽自己，使之不易被反病毒程序发现及清除。有的病毒能产生几十种变种病毒。

2. 计算机病毒的危害

在使用计算机时，有时会碰到令人心烦的现象，如计算机无缘无故地重新启动、甚至死机，或者计算机运行缓慢，或者硬盘中的文件或数据丢失等。这些现象有可能是因硬件故障或软件配置不当引起，但多数情况下是计算机病毒引起的，计算机病毒的危害是多方面的，但一般表现在如下几方面：

（1）破坏硬盘的主引导扇区，使计算机无法启动。

（2）破坏文件中的数据，删除文件。

（3）产生垃圾文件，占据磁盘空间，使磁盘空间减少。

（4）占用 CPU 运行时间，使计算机运行缓慢。

（5）破坏屏幕正常显示，破坏键盘输入程序，干扰用户操作。

（6）破坏计算机网络中的资源，使网络系统瘫痪。

（7）破坏系统设置或对系统信息加密，使用户系统紊乱。

3. 计算机病毒的传播

计算机病毒之所以称为病毒是因为其具有传染性的本质。传统渠道通常有以下几种：

（1）通过 U 盘、移动硬盘　通过使用外界被感染 U 盘、移动硬盘，例如，安装来历不明的软件、游戏等是最普遍的传染途径。由于使用带有病毒的 U 盘、移动硬盘使机器感染病毒，并成为新的传染源，加快了病毒的传播。

（2）通过光盘　因为光盘容量大，存储了大量的可执行文件，有些病毒就有可能藏身于光盘，对只读式光盘，不能进行写操作，因此光盘上的病毒不能清除。以牟利为目的非法盗版软件的制作过程中，不可能为病毒防护担负专门责任，也不会有真正可靠可行的技术保障避免病毒的传入、传染、流行和扩散。当前，盗版软件的泛滥给病毒的传播带来了极大的便利。

（3）通过网络　这种传染扩散极快，能在很短时间内传遍网络上的计算机。

随着 Internet 的普及，给病毒的传播又增加了新的途径，它的发展使病毒可能成为灾难，病毒的传播更迅速，反病毒的任务更加艰巨。Internet 带来两种不同的安全威胁，一种威胁来自文件下载，这些被浏览的或是被下载的文件可能存在病毒。另一种威胁来自电子邮件。大多数 Internet 邮件系统提供了在网络间传送附带格式化文档邮件的功能，因此，遭受病毒的文档或文件就可能通过网络和邮件服务器涌入企业网络。网络使用的简易性和开放性使得这种威胁越来越严重。

4. 计算机病毒的预防

计算机病毒与反病毒是两种以软件编程技术为基础的技术，它们的发展是交替进行的，因此，对计算机病毒以预防为主，防止病毒的入侵要比病毒入侵后再去发现和排除的损失少得多，同时，定期做好重要数据的备份。切记：预防与消除病毒是一项长期的工作任务，不是一劳永逸的，应坚持不懈。

预防的主要措施是加强操作系统的免疫功能和阻断传染途径。

（1）操作系统防范　利用正版 Windows，不断及时更新；堵塞操作系统的漏洞。同时关闭不必要的共享资源，留意病毒和安全警告信息。

（2）反病毒软件防范　如果是第一次启动反病毒软件，最好让它扫描整个系统。通常，反病毒程序都能够设置成在计算机每次启动时扫描系统或者在定期计划的基础上运行。

安装了病毒防护软件，确保即时更新。优秀的反病毒程序具有通过互联网自动更新功能，并且只要软件厂商发现了一种新的威胁病毒，就会添加病毒库中。

（3）U 盘病毒防范　U 盘病毒又称 Autorun 病毒，是通过 AutoRun. inf 文件使对方所有的硬盘完全共享或中木马病毒，随着 U 盘、移动硬盘和存储卡等移动存储设备的普及，U 盘病毒也随之泛滥起来。最近国家计算机病毒应急处理中心发布公告称 U 盘已成为病毒和恶意木马程序传播的主要途径。防范措施主要是尽量不要在情况未明的计算机上使用上述移动存储设备，使用写了保护，或安装 U 盘病毒专杀的工具，如 USBCleaner。

参 考 文 献

［1］ 周俊华．计算机文化基础［M］．北京：经济管理出版社，2009.

［2］ 周贵华．计算机文化基础项目化教程［M］．北京：北京邮电大学出版社，2016.

［3］ 耿国华．大学计算机应用基础［M］．北京：清华大学出版社，2016.

［4］ 卞诚君．Windows10+Office 2016 高效办公［M］．北京：机械工业出版社，2016.